The manual of
Emotion
Domestication

杨帆

扈芷晴———

著

手册 情绪驯养

电子工业出版社·
Publishing House of Electronics Industry
北京·BEIJING

序 言

各位读者：

当你拿起这本书的时候，你一定已经知道这本书的名字是《情绪驯养手册》，书名虽然很短，但是包含的信息量却不小。让我猜猜是封面上的哪项内容吸引了你。

如果你是被"情绪管理"这项内容吸引，那么我是不是可以猜测，你其实在拿起这本书的时候就已经有了很强烈的改变意愿。你一定像我一样，在一路走来的生命旅程中，不断地被情绪打扰，你越来越明晰地意识到情绪在你的很多失败经历中扮演着非常重要的角色，也许你还不能很准确地总结出它是如何伤害你的生活的，但是在你被后悔这种情绪不断推动着复盘某些失败的经历时，你的大脑中会不断地跳出一个个由"如果"开头的陈述句，如果当时不那么愤怒，我就不会……如果当时不那么惊慌，我一定不会……如果当时不那

么悲伤，我一定会勇敢地……如果是这样，很开心你拿起了这本书。你和我有着相同的理念，我们的观念匹配，我和你一样把情绪看作我们攀登至人生巅峰的拦路虎，它直接拉低了我们的人生上限，这实在令人无法容忍！只要我们还有梦想，只要我们对自己还有要求，管理情绪就是一个无法避开的人生选项。那还等什么呢？让这本书告诉你情绪的真实面目和那些不为人知的秘密，当你拨开情绪的种种伪装，你会发现这趟阅读的旅程不虚此行。

如果你是被"技能"这项内容吸引，那么我是不是可以猜测，你其实和我一样，是个特别务实的人，一直都致力于践行的过程。你已经厌烦了那些频频灌给你的鸡汤。曾经的你在认知层面接收了很多"高大上"的思想，最初你是欣喜的，你觉得你顿悟了，你的生活将从此焕发生机。然而很快你就发现，除了最初的顿悟，那些思想并没有留下更多的痕迹，你的生活还是一如既往。你开始不断地检视这个过程，然后就会发现问题所在，认知的改变仅仅是个开始，它能帮你确立目标，但不能告诉你怎么达到目标，你更加需要的其实是方法和技术。当你拿起这本书的时候，你不但有了管理情绪的目标，而且已经准备为学习相关的方法和技能付出相应的成本。那么恭喜你，你手里的这本书完全"响应"了你的需求。这是一本教授你情绪管理技能的书，它把这些技能按照轻重缓急和难易程度徐徐铺陈在你面前。本书的第一部分先做了动机的激发。第二部分为理论篇，给大家介绍了焦虑、恐惧、悲伤、抑郁及愤怒等影响我们生活的情绪，让大家从发生条件、现实表现和影响结果三个方面了解情绪，并为后续情绪管理技术的学习打下相应的理论基础。第三部分是技术篇，是本书的重头戏。该篇为大家从感受、想法和行为三个方面提供了相关的情绪干预技术。该篇的技术操作难度是逐级递进的，建议大家按照本书的章节安排阅读。此外请大家务必为每个章节的相关技术留出特定的时间，以完成相应的练习和作业。阅读只是一个开始，真正的重点在于实践，大家需要安排出时间在日常生活中做练习，这个步骤务必不要忽略。缺少了这个关键的部分，你的阅读之旅又会变成一场仅仅发生在认知层面的盛宴，但这并不能改变行为层面依然"瘦骨嶙峋"的事实，以致最后只剩下遥远的目标向你招手，而你只能原地踏步、望洋兴叹。总之，本书的角色与其说是一个老师，不如说是一个教练。它深谙你在学习的过程中会遇到的问题，并会及时为你提供帮助。它致力于引领你踏上追赶目标的征程。在你情绪管理的旅途中，它为你提供全方位的服务，帮助你达到你的目标。

最后我想告诉你，本书中的情绪管理方案是有名字的，它叫"爱普"。这个名字本身没有固定的含义，每个人都可以根据自己的理解赋予其意义。这里我想分享一下我选择这个词语的想法，与君共勉。爱普的第一层含义就是本书是一本面对普通大众的书籍，这是一本情绪管理指导手册，不是一本情绪障碍治疗手册，它并不适用于情绪障碍等心理疾病的治疗。选择适合自己的书籍是非常重要的，否则会有"上错花轿嫁错郎"的感觉。爱普的另一层含义来自英文up，每次看到这个单词我都不禁会想起那句脍炙人口的中式英语口

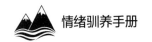
号——"good good study，day day up"。这套方案的名字就取自这里，表达的是向上的主题。我希望大家都能通过情绪管理指导方案的学习，将自己的状态拉至人生巅峰。

好了！各位既然拿起了这本书，那就祝大家开卷有益，有一个愉快的阅读体验。

读者评价

　　我一直都是一个悲观的人，我以为是我的不幸遭遇让我生活得如此悲惨，我常常觉得生活总是把难题留给我，让我不断地应对痛苦彷徨，我以为我只能这样过完我的一生。直到我遇见了杨帆老师，是的！只是一次偶然的机会，我看到了杨老师的视频，她的笑容击中了我，我第一次看到这么明媚的笑容，那种欢喜发自内心，我也想拥有这样的笑容。

　　榜样的力量在前，我开始投入本书的阅读中。读书的过程中，我会不自觉地流下眼泪，我能够体察这些眼泪与以往悲伤的眼泪不同，这是感动的泪水。即使隔着文字，我也能感到被老师深深地共情着，我发现她懂我，她让我看到我在情绪中的痛苦与挣扎，她知道怎样带着我一步一步走出来，达成自己的目标。她给我信心和勇气，教我技巧和方法。她娓娓道来，用风趣幽默的方式讲述一个个枯燥无味的技术，这是怎样的一个人呀，集人格魅力、渊博学识、亲和力于一身。即使从未有过面对面的接触，我也能感觉她在我的身边手把手教我如何管理好自己的情

绪，让我能过上我想要的生活。

——一个曾经被悲惨生活打败的人

外企的工作压力，我自己的易怒特质，一直都让我被愤怒折磨着。作为外企的中层领导，我几乎每天都在生气，身体也出现了很多健康问题，如阶段性的失眠、背痛、耳鸣。自从我开始接触这个针对情绪的"海陆空"立体化协作方案，我就在一次次的情绪"战斗"中把自己锻炼成一个优秀的将领，最终实现让情绪为我所用。如果你看到这本书，那么恭喜你，不需要再像我一样苦苦探索20年，跟随本书学习就能掌握实用、易操作的技术方案。运用书中给你的武器，觉察真相，拨开迷雾，做情绪的主人，释放智慧心，去追求自己的成功和幸福吧！

——一个被愤怒驱赶、折磨的"打工人"

几十年来，我一直都是一个背着满满焦虑生活着的人。我得承认这个"背包"并不是全无益处。其实，它在某种程度上曾经帮助我实现了不少人生目标，比如考大学、考研、找工作。只是随着时间的推移，当"背包"的体积、重量越来越大，系在身上的位置越来越不可捉摸而我却又无计可施时，我就不再能体会到它的好处，能感受到的都是疲惫、厌倦、痛苦——沉重的负担让我无法享受真正的宁静与从容。多亏遇见了杨帆老师，得益于她的引领，我逐渐找到了解决之道，用耐心和信心打开"背包"，逐一去调整、改变里面的担心和焦虑。这条解决之道，就是杨帆老师在书中介绍的各种理念与技术。如今，我身上的"背包"

越来越轻，越来越小，虽然"背包"里面仍然存有一些焦虑，但是它们可以为我加油、鞭策我、保护我——它们重新成了我实现目标的帮手。

我很开心，我的"背包"不再是负担。它陪伴着我的人生路，让旅途变得更加精彩。

——一个努力拼搏的"所谓"社会精英

作为一名从业多年的教师，随着教学年限的增加，我越来越发现在教学中遇到的诸多影响学生学习的问题，其背后都存在没有处理好的情绪。对立、违抗行为背后是愤怒情绪的影响；拖延、逃避行为背后是焦虑情绪的影响；缺乏学习热情，难以长时间投入学习是抑郁情绪的影响。总之，我越来越希望能够通过自己的帮助，让深受情绪困扰的学生摆脱情绪的负面影响，拿回他们在学习中的主动权。

这是一本零基础也能掌握的情绪管理手册，其中的每一个技术都有详细的操作步骤，学习的过程也很容易，让我能够很快地把学到的东西运用到学生身上，在现实的教学中看到真正的效果。推荐给像我一样想要有所作为的一线教师。

——一名想要真正帮助学生的教师

作为一名已婚男士，我特别想做一个好丈夫、好父亲，来弥补自己童年里缺失的东西，但事与愿违，婚后五年，我还是把生活过成了鸡飞狗跳的样子。妻子和孩子对我来说都是"神秘"的存在，我总是 get 不

到他们生气和伤心的点。我很沮丧，相信不少男性都和我一样，我们不是没有承担家庭责任的意愿，我们只是不会。

最初学习这本情绪手册，是为了骗我老婆陪我一起学习，改改她阴晴不定的脾气。但是奇迹发生了，我开始明白了什么是情绪，我也能正确地接收情绪的信息，我感受到了久违的胜任感，以往这种感觉只在工作中出现过。很幸运遇到这本书，通过学习书中的方案，我掌握了情绪管理的相关理论和技能，让我有能力通过自己的努力给妻子和孩子一个幸福的家庭。幸福应该掌握在自己手中，我强烈推荐这本书。

——一位想要胜任丈夫、父亲角色的男士

目 录

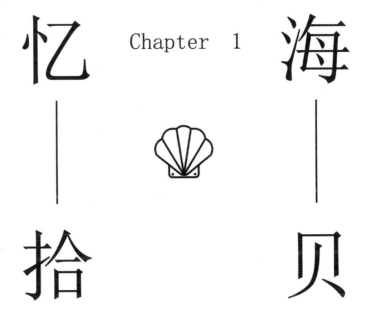

忆 海 Chapter 1

拾 贝

绘制情绪生命线

亲爱的，当你拿起这本书的时候，可能你只是出于偶然。你无意中看到了这本书，随后就拿起了它。在整个过程中，你其实并没有特别体会到自己的自主意识，并不觉得是自己主动选择拿起了这本书。是的！从意识层面来说确实如此，但是在那浩瀚深远、广漠幽深的潜意识世界里却并非如此。

相信我！这个世界上并没有那么多偶然的事件，很多看似不经意的行为，其背后都有着非常明晰的动因。说得通俗易懂一点，动因就是特定的推动力，这些推动力大多受到我们成长过程中发生的某些事情的影响。我们的每一个行为和决定，其背后都有这些影响。你可能意识不到，但并不代表它不存在。所以，你需要花一些时间梳理一下，这样的梳理过程会给你带来巨大的好处。因为这种处在潜意识层面的推动力会影响你的决策。就像现在这样，你无意识地拿起了这本书，你觉得自己只是想随便翻翻。你并没有意识到，其实你选择拿起这本书翻阅，是因为在你的潜意识深处，有一个管理情绪的需求蠢蠢欲动。这说明你的生命中一定发生了一些事，让你觉得情绪管理是非常重要的。

但是因为你还没有把这种推动力上升到意识层面，所以它仅能促使你做一个决定，却无法使这个决定持续下去。这也是为什么你很可能拿起这本书，翻两下，就会放下，因为你还没有接收到那个强烈的需求信号。这个信号本可以让你意识到：情绪管理对你来说是多么重要，你应该付出一定的时间和精力把这本书看完！但非常遗憾，由于这种推动力

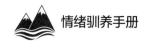

被挤压至深处，因此你错失了成就美好生活的机会。

就拿我自己来说吧，回顾自己的职业生涯：

最初我选择成为一名心理治疗师；接着我又把自己的主要治疗方向聚焦于"情绪障碍"；最终我致力于"爱普情绪管理方案"的推广，专注于培养更多的情绪管理师。

一路走来，这些决定看似都出于偶然，其实包含着深刻的自主意愿。

我并非碰巧经常浏览与情绪相关的文献；

我并非碰巧就能收集很多现实生活中的案例，而这些案例又碰巧都可以证明情绪对人的身体及心灵有着异乎寻常的影响；

我并非碰巧就遇到了很多有情绪障碍的人；

我并非碰巧就被国外的情绪研究机构接收，去那里访学；

我并非碰巧就想到要写这本书。

在众多看似偶然的事件中，包含着我特别强烈的自主意愿，这是我人生中出现的很多特定事件叠加在一起产生的结果。这个结果能够顺利诞生全赖于一股强烈的推动力，这股推动力让我对情绪格外关注，最终决定了我的职业生涯。为了能够让广大读者更容易理解我的观点，我决定带着大家沿着我的生命历程看一下那些非常重要的生活事件。

关于身体健康的重大生活事件

　　我小时候有偏头痛的毛病，每次偏头痛发作都是一段非常痛苦的经历，那种神经突突乱跳、头痛欲裂的感觉，那种随时都会呕吐的感觉……常常让我觉得死亡和我只有一线之隔。这种濒临死亡的感觉引发的巨大恐惧，对于年幼的我来说是"生命难以承受之重"。我每天都担心"它"会突然造访，把我带走。这种恐惧虽然让我备受折磨，但也为我带来了一个意外的惊喜：因为强烈的求生欲，我会花大量时间去总结我为什么会有偏头痛及它会在什么样的情况下发作。我希望通过自己的努力找到规律，这样就能避免偏头痛对我的折磨。非常幸运，经过日复一日的体察，这个秘密开关还真让我找到了，原来剧烈的情绪波动是引起我偏头痛的主要原因。

　　在查明原因之后，我就开始致力于控制自己的情绪，尽我所能地把它控制在一个平稳的范围内。我的努力最终换来了一个比较好的结果，偏头痛造访我的次数越来越少。这个结果极大地激励了我，为我打开了一扇新的大门，让我在很早的时候就有机会认识到情绪是可控的，情绪对人的身体健康是有影响的，也让我对情绪的其他功能更加好奇。我开

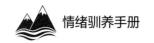

始有意识地收集很多有关情绪影响身体健康的案例。很快，我发现其实很多人都像我一样，意识到了情绪对人的身体健康有着非常大的影响。很多科学研究发现，焦虑情绪是引起消化道疾病、内分泌紊乱的罪魁祸首，焦虑还会让你长痘痘；也有数据表明，愤怒和心脏病的发病率有直接关系；很多妇科临床医生也发现，长期处在委屈、悲伤心境中的女性更容易患乳腺癌。

这些信息让我觉得受到情绪困扰的大有人在，很多人因为管理不好情绪，牺牲了特别宝贵的身体健康。我特别想告诉有相同困扰的人们：情绪是可以管理的，你是可以把身体从情绪的毁损中拯救出来的。

我童年的这个生活事件，让我比其他人更早地意识到情绪对身体健康的巨大影响，也让我更早地走上了控制情绪的道路，因此我更能体会管理情绪带来的诸多好处。我也经常在公开或者非公开的场合，试图让更多的人知道管理情绪对我们来说有多重要。

看了我的故事，你是不是也开始盘点自己的身体状况和自己主要的情绪基调了？

如果有，就把它写下来吧！这会让你更清晰地意识到你对情绪管理的渴望！

1._____

_____

_____

_____

_____

_____

_____

_____

_____

_____

_____

_____

2.＿＿＿

＿＿＿

＿＿＿

＿＿＿

＿＿＿

＿＿＿

＿＿＿

＿＿＿

＿＿＿

＿＿＿

＿＿＿

＿＿＿

＿＿＿

关于生活质量的重大生活事件

我想以亲密关系举例，我们每个人都希望过上幸福美好的生活，而影响我们生活质量的关键因素就是亲密关系。亲密关系在现实层面呈现出来的状态是多种多样的：亲子关系、夫妻关系、恋人关系等。众所周知，很多负面情绪都会严重影响我们的亲密关系。

即使是现在，我已经有了自己的家庭，也依然无法忘记童年时我父母之间那种鸡飞狗跳的亲密关系。是的！在我父母的亲密关系中，情绪的主基调就是愤怒。他们在愤怒情绪的驱使下相互指责，相互谩骂，甚至互殴。这让我感觉非常痛苦，虽然我童年时在物质层面是富足的，但我难以在心理层面感受到幸福和快乐。每天放学后，我都在路上长时间地游荡，致力于约小伙伴玩耍，因为我不想回到那个让我觉得格外恐惧和冰冷的家。那个像雷区一样，随时都可能爆发战争的家既让我恐惧，也让我痛苦。虽然那个时候我年纪并不大，但我也曾试图调和他们之间的矛盾。很显然我失败了，这种经历让我感到很挫败。为了不用一次又一次地体会这种无能为力的感觉，我换了一种应对方式，那就是尽量减

少待在家里的时间。

这个重大生活事件，让我在很早的时候就认识到愤怒这种情绪是多么可怕。它会让我们变得面目可憎，也会让我们深爱着的人受伤。看着因为愤怒情绪的不断伤害，父母渐行渐远，我幼小的心灵埋下了控制愤怒的种子。在我渐渐长大开始拥有自己的亲密关系时，我一直尝试用各种办法管理我的愤怒。很庆幸管理的过程还算成功，所以我没有像父辈一样和我的爱人在相互伤害中渐行渐远。我拥有一个幸福的家庭，我给了孩子高质量的亲子关系，我有机会以一个妻子和母亲的身份让爱我的人幸福。当我说到这些的时候，我能清晰地感受到幸福围绕在我的身边，我的内心一片柔软。我真的是一个非常幸运的人，有机会从父辈的身上看到负面情绪对生活质量的影响。通过自己的努力和探索，我找到了终止恶性代际遗传的方法，最终有能力不让自己再重复那样可怕的一条生活轨迹。

你身边是否也发生过类似的事情，让你或多或少地意识到负面情绪对生活质量的毁损？你是否曾经有过那么一个时刻，也希望自己能够控制好自己的情绪，为自己的美好生活做出努力？

如果有，就把它写下来吧！

1.＿＿＿＿＿＿＿＿＿＿＿＿＿＿＿＿＿＿＿＿＿＿＿＿

＿＿＿＿＿＿＿＿＿＿＿＿＿＿＿＿＿＿＿＿＿＿＿＿＿

＿＿＿＿＿＿＿＿＿＿＿＿＿＿＿＿＿＿＿＿＿＿＿＿＿

＿＿＿＿＿＿＿＿＿＿＿＿＿＿＿＿＿＿＿＿＿＿＿＿＿

＿＿＿＿＿＿＿＿＿＿＿＿＿＿＿＿＿＿＿＿＿＿＿＿＿

＿＿＿＿＿＿＿＿＿＿＿＿＿＿＿＿＿＿＿＿＿＿＿＿＿

＿＿＿＿＿＿＿＿＿＿＿＿＿＿＿＿＿＿＿＿＿＿＿＿＿

＿＿＿＿＿＿＿＿＿＿＿＿＿＿＿＿＿＿＿＿＿＿＿＿＿

＿＿＿＿＿＿＿＿＿＿＿＿＿＿＿＿＿＿＿＿＿＿＿＿＿

＿＿＿＿＿＿＿＿＿＿＿＿＿＿＿＿＿＿＿＿＿＿＿＿＿

＿＿＿＿＿＿＿＿＿＿＿＿＿＿＿＿＿＿＿＿＿＿＿＿＿

＿＿＿＿＿＿＿＿＿＿＿＿＿＿＿＿＿＿＿＿＿＿＿＿＿

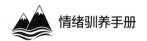

2._____

_____

_____

_____

_____

_____

_____

_____

_____

_____

_____

_____

_____

_____

关于工作效率的重大生活事件

说到工作效率，我们每个人在自己的学习生涯和工作生涯中都会总结出诸多影响效率的因素：记忆力、注意力、努力程度、意志力等。是的！大家在这方面总结得都非常好，唯一的不足之处就在于，你可能没有意识到，很多负面情绪会阻碍以上能力的发挥。也就是说，你其实并不缺少这种能力，很多时候这些能力之所以无法在你的工作中做出巨大的贡献，是因为负面情绪会让你的诸多能力在发挥过程中大打折扣。你的能力在发挥的过程中缺少适当的情绪支持，甚至还会被一些不良情绪拖成负值。

在这里我会挑选焦虑这个情绪和大家交流，让大家认识情绪对工作效率的影响。在众多情绪中，焦虑算是非常有个性的一种情绪，它最突出的特点就是持续的时间比较长。焦虑和抑郁这两种情绪，在发作的过程中强烈程度一般不会特别高，相对于愤怒这类爆发性的情绪，焦虑和抑郁都属于相对温和但持续时间比较长的情绪。正是由于焦虑情绪有这样的特点，所以当处在这种情绪状态下时，人们并不容易察觉到它对自

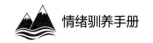

己的影响。但它并非无迹可寻：当你处在焦虑情绪中时，你需要花费较长时间进入睡眠，你的睡眠质量会下降；即使睡着了，你也会觉得自己睡得特别不安稳，感觉自己做了一夜的梦，醒来以后发现自己依然疲劳；你会不自觉地抖腿，会下意识地出现拖延的行为……这些都是人们处于焦虑情绪中的特定行为表现。

如果焦虑持续一段时间，你会感觉非常疲劳，这是一种心理层面的耗竭。所以在日常生活中，如果你经常感觉很疲惫，但当你回顾自己一天的工作和学习时，发现你其实并没有做很多事情，那么你的疲劳就很有可能是因为你长时间处在焦虑的心境中，消耗了大量的心理能量导致的。所以每当你需要全力以赴地去做一件事情时，疲劳的感觉总是让你力不从心。

在日常工作和生活中，如果你有两条或者两条以上的特征符合前文表述，那么焦虑可能正在侵蚀着你的能力，这时管理自己的焦虑情绪会是个较好的解决方案。

焦虑这种情绪除了会让你经常处于耗竭的状态，使你无法全力以赴地工作，还会让注意力的集中性和持久性都受到影响。它就像安装在你大脑中的强力推进器，你的思维在焦虑情绪的推动下就像加速的高铁。大家都有坐高铁的经历，随着前进速度越来越快，窗外的景物会在你的眼中变得越来越模糊。思维也是如此，当你的思维被焦虑这种情绪推动着开始加速，直接的后果就是信息在你大脑中停留的时间太短暂，以至于大脑没有足够的时间对信息进行精细的加工。如此匆匆一掠而过的信息，很难在大脑中留下任何痕迹。

这是我在学习和工作中经常遇到的困境。拿学习来说，我发现每当我面临重大考试的时候，都会很焦虑，焦虑推动我从这个知识点跳到那个知识点。因为害怕自己在某个知识点停留的时间太长，导致没有足够的时间复习所有知识点，所以我匆匆翻过所有知识点，却没有记住任何一个。焦虑还会让我在很多事情上拖延。是的！是焦虑这种情绪促成了拖延的行为。没想到吧？很多人在说到自己拖延的时候，都会检讨自己的计划性、执行力，觉得自己实在是不争气，每次都要把事情拖到最后期限才匆匆交差，然后在后悔和自责的情绪中继续下一次拖延。

哎呀！写到这里我不禁感受到各位读者深深的绝望。

好了，好了，亲爱的宝贝！不要难过了，这个真不是你的错！

你战胜不了拖延这个小恶魔是因为你对它还不够了解，导致力气用错了地方。所以别难过，你需要做的不是批评自己，而是明白你为什么会拖延。所谓知彼知己，百战不殆，只有充分了解你的敌人，你才能想出有效的解决方法。

智者的提醒——拖延是缓解焦虑情绪的行为

当我们拖着不愿意去做一些事情的时候，多半是因为我们在焦虑。

首先，我们有个想法：我们觉得自己难以胜任这个工作，或者我们觉得无法做出一个让自己或他人满意的结果。每当我们有这样的想法的时候，我们就会有一个感受——焦虑。在焦虑这个情绪出现以后，我们会觉得非常不舒适，为了摆脱这种不舒适的感觉，我们通常会有两种行为模式。

第一种行为模式：我们会很努力地去完成这个任务，想尽各种办法，争取做到尽善尽美。如果我们真的这样做了，结果也还不错，这种焦虑通常在认真做事的过程中就会逐渐减弱，在达到目标以后会实现一个完美的反转。我们会体验到成功的喜悦，然后逐渐地自信起来，同时我们会越来越愿意承接一些有挑战性的任务。这是一个完美的正向环路。

如果我们努力过后，结果不尽如人意，那么我们就会发展出第二种行为模式，那就是拖延。因为我们已经不相信可以通过努力做事情摆脱焦虑的折磨，所以就剩下第二条路了——想办法让自己忘记这个不得不面对的任务。这就是拖延的实质。

拖延的危害是非常大的，它导致的直接结果就是命中注定的失败。

首先，我们有了一个想法：担心未来会失败；

然后，我们有了一个感受：焦虑；

为了摆脱焦虑引起的不适，我们有了一个行为：拖延；

以致形成一个结果：失败——发现自己最终确实难以完成任务；

这是一个可怕的恶性循环。

在写这本书的时候，我就出现过这种情况，每当我拿起笔记本电脑准备写作的时候，我就感觉特别焦虑。我总是担心无法写出一本能够对人们有实际帮助的好书，我对自己写出的每一个段落、每一个句子、每一个词语都不满意。最终我会被我的焦虑打败，我会果断地放下我的笔记本电脑去做其他事情：刷手机、浏览网页、做家务，总之就是不想写书。终于，我意识到如果我一直这样下去，我不仅写不出完美的情绪管理书，我甚至写不出一本书，哪怕这本书并不完美。

于是，我开始着手管理自己的焦虑。我试着让自己聚焦当下，聚焦我能想到的每一个词语、每一句话。我只是一字一句地把自己心里的想法写出来，不去回头重新阅读自己写的内容，避免陷入对自己的评判中。每当我想要离开写作的情境去做其他事情的时候，我都会告诉自己："杨帆！你现在的工作任务不是写出一本完美的情绪管理书，你现在的任务只是写出一本情绪管理书，哪怕这本书并不完美。你需要做的是一字一句地把自己能想到的话写下来，不要回头看，就这么一直写下去好了！" 谢天谢地，这样的一个要求对我来说是可以做到的，所以我的焦虑情绪开始缓解，在我一字一句不断罗列的过程中，这本书终于完成了。所以这本书可以作为一个现实性的证据，证明当我可以有效地管理我的焦虑情绪时，我就能较好地解决拖延的问题。

你在自己的学习和工作中是不是也有和我相似的经历？你不断地被某种情绪打扰，最终它成为你追求卓越途中的绊脚石。如果有，就把它写下来吧！这会让你更深刻地理解你为什么需要情绪管理，你有多么渴望对自己的情绪进行管理。

1. _____

_____

_____

_____

_____

_____

_____

_____

_____

_____

_____

_____

_____

_____

_____

2. _____

_____

_____

_____

_____

_____

_____

_____

_____

_____

_____

_____

_____

各位朋友，刚开始写的时候，你是不是觉得没什么记忆深刻的事情，更不需要写下来。但是一旦动笔，你就会发现你想起了一件又一件事。这很正常，大脑是需要提取线索的，所以在写下这些事件的时候，请尽量回忆事件发生过程中的细节，你想起来的细节越多，感受到的情绪就会越强烈。这就像在浩瀚的沙滩上寻找美丽的贝壳，在搜寻结束以后，整理一下你记录下来的事件，把这些事件按照时间顺序串联在一起，绘制成一条美丽的情绪生命线。用你喜爱的颜色，用你喜爱的表达方式，用你喜爱的图形，用你喜爱的纸张，把这些事件串联在一起，就像下面我做的这样。

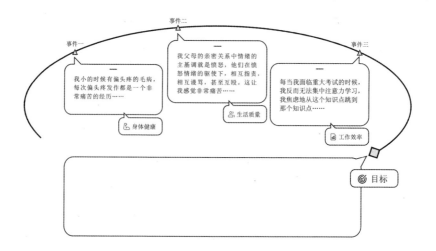

你是不是已经做好了呢？如果你已经绘制好自己的情绪生命线，那么就让我们再接再厉完成最后一步吧！最后一步非常重要，它就像整串宝石中最闪亮的吊坠，是的！接下来让我们为这串项链制作一个璀璨的吊坠，把你希望通过情绪管理实现的美好目标写下来吧。请大家在书写自己的目标时，尽可能从身体健康、生活质量、工作效率三个方面去描述，内容尽量详尽。

以下是一位想要管理抑郁情绪的女性详尽描述的自己的目标，供大家参考。

当我可以很好地控制抑郁情绪时，我就能够更有活力，我不再日复一日地躺在床上，我能做适当的运动，我的身体会越来越好。我开始对美食感兴趣，我愿意花时间为自己准备美味的食物，我开始按时吃饭，我的脸色越来越红润，我的胃溃疡也得到了有效缓解。每个人见到我的时候，都会惊讶于我外在形象的巨大变化，他们觉得我变得越来越年轻，越来越漂亮。

当我可以很好地控制抑郁情绪时，我就不会花大量时间躺在床上，每天除了哭泣就是哭泣。我能从床上爬起来为我爱的人做一些事情，我愿意主动了解他们喜欢的事情，积极地参与其中，这样我们就会有很多共同话题，我们会变得越来越亲密，我也可以拥有一段高质量的亲密关系。我希望我能战胜抑郁，为我的孩子树立一个独立自主的榜样，我不想让他因为有我这样无能的母亲而感到羞愧。我希望当他遇到困难的时候，能够在第一时间想起我，我愿意为他做一些事情，我更愿意成为他人生中的支持者而不是成为他的负担。

当我可以很好地控制抑郁情绪时，我就能变成一个自信的人，在工作中我可以承担更多，通过做成一件又一件事情，让自己越来越自信。当我开始主动承担一些责任的时候，我可能会有升职加薪的机会。我希望能够成为一个有工作能力的女性，通过自己的努力实现经济独立，不需要因为依靠别人的经济资助，而不得不做出各种妥协和让步，这会让

我很悲伤，让我觉得自己很无能。我很期待每天在镜子里看到有能力的自己，那样的我神采飞扬又充满魅力。

此时，如果你的吊坠已经做好了，请把它放在一个醒目的位置，或者随身带着，它将成为你情绪管理道路上的加油站。情绪管理从来都不可能一蹴而就，我们需要较长时间的努力。是的！情绪管理是一个长时间的练习过程，当我们做这种长程的训练时，会遇到很多问题，会经常被一些事件带离原来的轨道。这也是为什么当我们有一个长程的目标时，做着做着就忘记了自己的初衷。这个时候，我们需要用一个醒目的刺激物提醒自己：我们做这些事情的原因是什么，我们当初是如何做出这个决定的。这会让你在迷茫、痛苦的时候，找到坚持下去的动力。这条美丽的情绪生命线、这个完美的吊坠会成为我们前行途中的加油站。所以，你还等什么呢？让我们现在就开始吧！

评价一下我们的学习成果，是否已经完成以下学习内容，可在下面的 □ 里打 ☑ 或 ☒

1. 找到影响我们生活的三大情绪事件　　　　　□
2. 绘制自己的情绪生命线　　　　　　　　　　□
3. 激发了管理情绪的动机　　　　　　　　　　□

太棒了！你已经完成了本章的学习任务，绘制出了美丽的情绪生命线！那么，我们开始为目标工作吧！

治疗师：＿＿＿＿＿＿　　　　　　　　　日期：＿＿＿＿＿＿

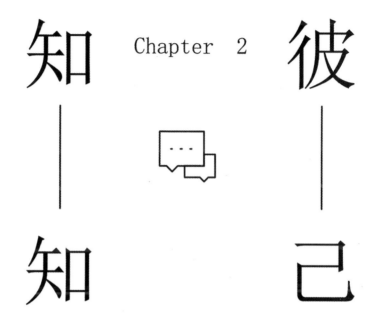

知彼
知己

Chapter 2

做一个情绪解读师

各位朋友，如果你已经完成了第一章情绪生命线技术的学习，那么我猜你有 50% 的概率能够完成本书的学习。现在你可以选择一个目标情绪作为你情绪管理的第一个实验对象。在我们的生命中，我们会和许多情绪打交道，它们形形色色，功能各异。当然并不是所有的情绪都会对我们的生活产生不良影响，总结起来可以作为目标的情绪主要有三类，分别是焦虑和恐惧，悲伤和抑郁，以及愤怒。我先为大家介绍一下这三类情绪，等大家熟悉以后再决定选择哪种情绪作为你的管理目标。

焦虑和恐惧

　　焦虑和恐惧是同种属性的情绪，所以我在这本书里把这两种情绪放在一起。从某种角度来讲，焦虑和恐惧是同一种情绪在不同激烈程度下的两种表现。也就是说，焦虑是淡淡的恐惧，恐惧是浓浓的焦虑。

　　这两种情绪都和危险连接在一起，焦虑一般和危险预警有关，也就是说当我们发现有可能会出现危险的时候，我们就会焦虑，而当危险近在咫尺的时候，我们就会恐惧。

　　焦虑是种很有意思的情绪，平时当我们感到焦虑时，我们多半会用"我担心""我紧张""我很烦""我很躁动"等相似的句子表达。你是不是对以上句子中的一个或几个感觉特别熟

悉？如果你觉得特别熟悉的话，就要警惕了，因为你可能经常处在焦虑之中。

之所以要给大家提这个醒，是因为前面我们已经介绍过了，焦虑是一种强烈程度比较低的情绪，这种情绪不会激烈爆发，它最大的特点是持续时间特别长。当你长时间处在某种情绪中时，你的身体和心理都会出现适应性的反应，这就像被放在温水里煮着的青蛙，时间越长，你就越难体会到你处在焦虑的情绪中。因此，很多人直到出现了很多躯体症状，才发现自己一直在焦虑。

恐惧的体察相对来说简单很多，每一次恐惧的降临都伴随着非常剧烈的躯体变化，最基本的特征是心跳加速。有时候这种生理反应会让我们以为心脏出了问题，再不处理就可能会危及生命，这么强烈的情绪实在让人无法忽视。为了让大家全方位地了解焦虑和恐惧，接下来请大家跟随我全面地认识它们。

焦虑和恐惧的发生条件

焦虑的发生都是建立在"黑色预言"的基础之上的，所以它的发生条件有两个：

首先你要对未来可能发生的事情进行预言；其次这个预言必须指向一定的危险。结合在一起就是，你需要一个"黑色预言"，预言未来会发生危险。

比如，你预言你这次考试会失败；你预言你会在工作中出现失误；

你预言你的孩子会有一个失败的人生；你预言周围的人会笑话你的无知；你预言周围的人会嫌弃你的笨拙……总之，这些都是让你觉得难以承受和应对的危险。虽然这些危险还没有到来，但是你心里已经百分之百地相信这个预言必然会实现，所以这种焦虑的发生，源于你心里的彩排过程。因为这只是一个彩排过程，所以能够激发出来的情绪并不强烈，但也正是因为这是一个彩排过程，你才会一遍一遍地重复体验这种焦虑的情绪。

大家有没有这种经历，当你要完成一个大型报告时，在开始写报告之前你会焦虑、紧张。但是当你真的开始了以后，你反而沉静了下来，你的注意力被当前正在进行的任务吸引。当你脱离"黑色预言"的彩排过程时，你反而不再焦虑了。除非在做报告的过程中出现了你预想的重大失误，这时候你会直接陷入恐惧的情绪。是的！恐惧的产生条件只有一个——危险！实实在在的危险！只有当你处在危险中的时候，如海啸一般的恐惧才会席卷你的全身。

焦虑和恐惧的现实表现——行为

当我们被焦虑和恐惧包裹的时候，我们在现实层面的表现就只有两种行为模式了，战斗或逃跑。

跑还是不跑，这是个问题。

虽然都是战斗或逃跑，在焦虑和恐惧两种不同程度的情绪下还是有很大差别的。焦虑状态下的战斗更应该叫作备战行为，因为引起焦虑的事件都是发生在未来的，所以你的战斗行为也是指向未来的。

比如，明天你要在学校里进行演讲，你很担心自己演讲的时候会出错。从这个事例中，我们可以看出你对未来做了一个预测，你预测自己会在演讲的时候犯错误。这个结果对你来说是危险的，因为它会让周围的人看你笑话，还会让老师质疑你的能力，这确实很危险。

那么你会怎样做呢？如果你选择了战斗，你就会竭尽全力地做各种准备工作，争取不让你觉得很危险的事情发生。如果你觉得演讲出错是很危险的，你就会利用一切可以利用的途径收集材料。你会一遍一遍地确认所有的资料，直到完全熟悉；你会一遍一遍地检查 PPT，以确保没有任何瑕疵；你还会一遍一遍地预讲，请一些人试听，让他们为你把关，提改进建议；你甚至会不断地猜测观众会提出的问题，事先把答案准备充分。反正你不会浪费任何时间和机会，你会尽力确保这场演讲完美进行。

现在让我们来一起做个练习，看看你是否已经了解备战行为。

如果你的孩子这次考试没考好，你担心他的成绩会一直下滑，一旦成绩一直都没有提高，你的孩子可能考不上一个好的大学，这辈子就没有出头之日。从这个事例我们可以看出你对未来做了一个预测，你预测自己的孩子成绩会一直不好，这个结果对你来说是危险的，因为这可能导致他未来会穷困潦倒地生活。请你查看以下行为，选择你认为的备战行为：

① 你开始查询培训班的信息。

② 你没收了孩子的手机。

③ 你批评孩子没有很好地利用时间。

④ 你觉得不舒服，没有办法辅导孩子的功课。

⑤ 你觉得你无法胜任辅导孩子功课的任务，于是你尽量在单位加班不回家。

⑥ 你忙着刷手机，也不愿意去辅导孩子的功课。

答案是①②③为备战行为，④⑤⑥为逃跑行为。

是的，④⑤⑥展现出来的就是焦虑和恐惧引起的第二个行为模式——逃跑，在现实中我们把这种行为模式叫作拖延。

智者的提醒——情绪会推动你遵循惯有的行为模式

即使在我们意识到有危险的时候，我们也会进行评估，我们会沿着惯有的思维模式在脑中做一个决策评估，所谓"打得过就打，打不过就跑"，这就是这个决策过程的中心思想。所以如果我们觉得自己能够打赢，我们就会选择"战斗模式"，如果我们觉得自己打不赢，我们就会选择"逃跑模式"。

请注意我这里的用词，我用了"觉得"这个词，"觉得"的意思就是，这个决策过程其实并非出于理性，多半是一个沿袭习惯的过程。也就是说，如果我们平时比较自信好斗，就会倾向于选择"战斗模式"；如果我们平时比较自卑胆小，就会选择"逃跑模式"。

评估的时间越短，理智的参与就会越少，沿袭本能习惯的概率就会越高，那就意味着在你选择的模式中，犯错误的概率就会越高。比如，当你接到一个公开发言的任务，如果领导让你立刻做出决定，你又是个倾向于过低评价自己能力的人，你选择"逃跑模式"的概率就会很高。你会找各种理由推诿，即使这个发言的任务内容都是你熟悉的。如果领导给你三天的考虑时间，你一开始还会沿着旧有的决策习惯，想要推掉这个任务，但是你随即就会想到，这个任务内容是你熟悉的，准备的时间又很充裕，理性评估的结果就是，其实这个任务不是很难，你完全可以胜任，于是你就会接下这个任务。

瞧！时间会影响我们在焦虑和恐惧下的最终决策。一般恐惧的时候我们的评估时间都是很短的，因为恐惧情绪太过强烈，让我们有生死一线的感觉，所以争分夺秒地规避风险是当务之急。焦虑会明显好一些，因为焦虑是应对未来的危险的。我们即使在最初感到焦虑时，会做出错误的决策，但是只要足够警醒，我们就会有机会重新评估我们的决策，纠正我们的错误。所以，战斗还是逃跑，这是个问题。

焦虑和恐惧的影响——结果

当我们感到焦虑和恐惧的时候，我们会出现面部潮红、心跳加快、呼吸急促、手脚颤抖等生理反应。反应特别强烈的是消化系统，尤其是我们的胃部，可能会因为焦虑的情绪收缩在一起，大家这一生中总会有因为紧张吃不下饭的经历。这些都是焦虑和恐惧对我们的生理产生的影响，我们又把这些反应叫作躯体感觉。每个人的躯体感觉是不一样的，有些人比较敏感，有些人比较迟钝，这不需要比较，只需要了解。因为

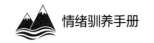

有些时候我们会失去对情绪的体察，所以躯体反应可以作为信号使用，让我们意识到我们正处在某种情绪中。

智者的提醒——觉知是管理情绪的第一步

觉知是管理情绪的第一步，只有我们体察到情绪的存在，我们才会发现生活中的很多经历都与情绪有关。很多时候我们并不是没有管理情绪的方法，只是不知道自己在被情绪控制，所以我们才不会主动寻找有效的方法去干预。

现实生活中，很多人迷惑不解地向我请教，他们明明知道拖延行为阻碍了目标的达成，严重地降低了他们的工作质量，他们很多时候都对自己很失望，但是他们就是没有办法改善。大多数人都觉得他们之所以不断地拖延是因为他们很懒，不够自律。

这个归因是毁灭性的，当你把拖延行为归因为懒、不自律这些人格特质时，你就会对自己失望，而且这些人格特质的稳定性会让你看不到改变的可能，这真的是太可怕了！如果你知道了拖延行为是焦虑引起的特定行为反应，那么你只要致力于减少焦虑情绪就可以了。

你看，就是这么简单，是你没想到吗？不是的！是你不知道。

当你开始对情绪有觉知时，你就有机会开启情绪追踪模式，这个模式的开启会帮助你搞清楚情绪产生的过程。当你手头积累了足够多的观察记录时，猜猜你会有什么收获？是的，你会发现情绪的产生规律。这个规律可以帮助你预测情绪，也可以帮助你评估情绪，更重要的是，还可以帮助你找到管理情绪的有效方法。

比如，当你发现你会因为当众讲话而焦虑时，为了不被焦虑情绪折磨，你会主动回避在公众场合讲话，这样你就错失了很多展现自我的机会。在觉知之前，你可能会不服气，觉得领导有好事想不到你；同事经常忽视你的需要，很少考虑你的感受；你觉得是周围的人不好，他们看不起你，故意伤害你。但是当你开始有觉知时，你就有了追踪情绪的机会，时间久了你就会发现，是你自己的焦虑情绪推动你成为隐形人，并不是周围的人有意针对你。

这时候你该怎么办？当然是重新评估自己的行为和结果。如果你对"当单位里的隐形人"并不满意，那你就有了重新选择的机会。

从这个例子中大家是不是能够看到觉知带来的好处？

是的，曾经有一个重新评估的机会摆在我面前，但是我错过了，如果可以重新来过，我希望我能通过理性的判断做出选择。

哈哈，你开心吗？最终我们会因为觉知而能够理性地评估情绪，反客为主，做情绪的主人，而不是被情绪奴役。

焦虑的最大功能是会激发你的备战行为，它会帮助你调动所有的能量和资源去应对可能出现的危险，使你成为一个解决问题的专家。举个例子，当你担心下周二的演讲会讲不好时，你的焦虑会推动你查阅资料、请教专家、提前预演等，让你产生备战行为。随着你准备得越来越充分，犯错误的概率也会大大地降低，那么演讲结束以后，你更有可能受到大家的夸奖，得到领导的认可。

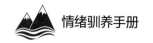
看到了吗，正是焦虑让我们越来越优秀。这样一说，你是不是会想，如果焦虑这么好，为什么要管理焦虑呢？

这个问题问得好！

由于焦虑是一种备战的情绪，它一旦产生，就会使我们的身体出现相应的变化。我们的心脏跳动的次数会增加，我们的血液循环系统会变得异常活跃，血管会收缩，血压会升高，消化系统会受到抑制，这样可以将更多的血液送到四肢的肌肉组织。所有这些变化都使得我们的身体也进入备战状态，这种心理和身体的异常活跃状态可以大大提高我们的工作效率，所以焦虑情绪对人类来说是非常重要的。

但是焦虑这把双刃剑也会给我们带来麻烦，长期处于备战状态会引起我们身、心两个层面的耗竭。身体方面的影响包括：睡眠质量下降、脱发、长痘、经常感到疲劳等，让人处于亚健康状态。若情况比较严重，还会引发原发性高血压、胃溃疡、睡眠障碍等疾病。而且如果焦虑的程度过高，就会引起个体强烈的回避性行为——拖延行为，更有甚者还会引起广泛性焦虑障碍、社交焦虑障碍、惊恐发作等心理疾病。综上所述，对焦虑情绪进行管理，最关键的目标就是把焦虑的强度和时间控制在适当的范围内，减少虚假报警，杜绝身心资源的过度消耗。换句话说，就是要把好钢用在刀刃上。

悲伤和抑郁

悲伤和抑郁是我们比较熟悉的情绪，因为日常生活中我们会遇到很多由悲伤和抑郁情绪引起心理疾病的案例，像产后抑郁症这样的心理疾病也已经广泛地为大家所熟知。

悲伤和抑郁与焦虑有相似的地方，它们的持续时间都比较长，特别容易发展为一种心境。心境就是一种人格层面的情绪底色。我们每个人都带有某种情绪底色，这种情绪底色一旦形成，就会在各个方面影响我们。如果你的情绪底色是欢快的，那么无论你在做什么，无论你在哪里，你都有能力发现很多有趣的事情，周围的人都能够很快地识别出你是一个乐观的人。

如果你的情绪底色是抑郁的，那么你就像一台自带凄风冷雨背景音乐的留声机，大家也能很快识别出你是悲观的、自带负能量的。为了不被悲观和抑郁的情绪传染，大家都会下意识地避免和这类人打交道。

悲伤和抑郁虽然被我放在一起来介绍，但是这两种情绪是不一样的。甚至有些文献把这两种情绪分别放在不同的维度讨论，认为这两种情绪

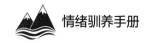

从本质上来说是非常不同的。

本书之所以把这两种情绪放在一起讨论，是因为这两种情绪的产生条件及后果比较相似，重要的是在大众的认知里，这两种情绪经常混在一起使用。郁闷、难过、沮丧、提不起劲、犯懒等词语都是被用于表达悲伤和抑郁这两种情绪的。

智者的提醒——情绪是会传染的

情绪是会传染的，尤其是悲伤和抑郁的情绪。

在现实生活中我们很容易会发现，当一个人悲伤的时候，周围的很多人都倾向于跟着一起悲伤。之所以会出现这种情况，是因为人类有一种特殊的能力，这种能力叫作共情。共情指的是一种能深入他人主观世界，了解其感受的能力。这个概念最初是由罗杰斯提出的。我们在与他人交流时，或多或少都能进入对方的精神境界，感受对方的内心。能将心比心，体验对方的感受，这是我们能够根据对方的感情做出恰当反应的必要条件。正是这种共情能力的存在使得我们的情绪可以相互传染。

那么，为什么悲伤和抑郁的情绪尤其容易传染呢？

这就涉及悲伤和抑郁这两种情绪的特殊性。在人类漫长的进化过程中，悲伤和抑郁情绪是会减少个体行为的发生概率的，也就是说，当我们悲伤和抑郁的时候，我们会觉得懒懒的，什么都不想做，对什么都没有兴趣。大家如果对抑郁症有一些了解的话就会知道，当一个人抑郁的时候，他会长久地躺在床上，什么都不想干，甚至都懒得吃饭睡觉，就连以前感兴趣的事情也不能激发他的兴趣，说得直白点就是，他连喜欢这种情绪都懒得有。这种状态对于个体的生存是非常不利的。

所以当个体进入这种状态时，能够存活下去的关键就是得到同伴的照顾。为了更利于种族繁衍，人类进化出一种共情偏好，对悲伤和抑郁的共情会更容易产生。在一个人悲伤或者抑郁的时候，我们能够感同身受，就会更倾向于提供安慰和帮助。这就是悲伤和抑郁的情绪更容易传染的原因。

如果你不想被别人的悲伤和抑郁打扰，为别人的悲伤和抑郁消耗太多的能量，你可以有意识地避免与悲伤、抑郁的人群接触，防止自己的生活被扰乱。

悲伤与抑郁产生的条件

感觉生活中有失落感是悲伤和抑郁这两种情绪产生的条件。这种失落感可以和任何东西有关，具体的、抽象的、有形的、无形的，都可以成为失落感的来源。

例如，你一直养着的小狗去世了，以前每次回家的时候，它都会到村口去接你，但以后回去，再也不会看到它上蹿下跳地围着你转圈，冲着你摇尾巴了。这种永远失去心爱的小狗的感觉会让我们很悲伤。

或者，你考试考砸了，看到爸爸、妈妈失望的表情，你觉得自己很没用，不能让自己的父母开心。这种失去了能力和希望的感觉会让

你抑郁。

又如，你和女朋友分手了，一想到以后再也不会有人冲你撒娇，叫你起床，关心你有没有吃饭。这种结束了一段亲密关系的事实会让你悲伤和抑郁。

悲伤和抑郁的现实表现——行为

说到悲伤和抑郁这两种情绪的现实表现，大家一定会不约而同地想到哭泣的行为。是的，当我们觉得悲伤的时候我们会哭泣，除了哭泣，我们还会找机会诉说。祥林嫂就是一个经典的案例，当她失去了自己的孩子时，她陷入悲伤之中，她的悲伤驱使她找人诉说，即使在诉说的过程中并没有获得想要的同情，但是依然无法停止。

除了哭泣、诉说这两种特别明显的行为，悲伤和抑郁的人还有一些特别不容易被观察到的行为，与其说这是一种行为表现，不如说这是一种行为表现趋势，那就是上文提到的行为发生频次明显减少，也就是我们常说的提不起兴趣、犯懒。当你悲伤和抑郁的时候，你会怎么做？你会更愿意找个安静的环境，一动不动地待着。所以有些时候，悲伤和抑郁的人很容易烦躁，一点点刺激都可能让他们愤怒，这是因为他们只想静静地待一会儿，而这种目标被扰乱，当然就会愤怒了。

智者的提醒——悲伤和抑郁会帮助你进入节电模式

为什么我们只要陷入悲伤和抑郁，就会自动减少接收外部信息，降低活动频率呢?

这是人类的一种自我保护机制。因为悲伤和抑郁这两种情绪会明确地传达出"任务超载"的信号,这也是为什么当我们悲伤的时候,脑子里会出现一些念头:"我受够了""我撑不下去了"。这些念头的意思翻译过来就是,我不能再受刺激了,这些刺激已经超过了我的负荷能力,如果再这样下去,我就会崩溃。

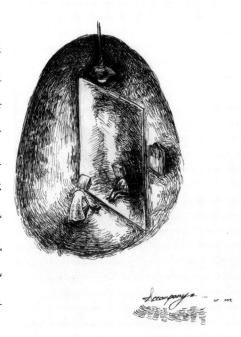

这就像你的手机在快没电的时候会不断地提醒你,电量过低,请调整为节电模式。我们大脑的运行也是如此,一旦大脑接收到悲伤和抑郁情绪传达的超载信号,它就会指挥你的身体和心理进入休眠状态,这是一种按程序设定的保护机制,即使你并不了解悲伤和抑郁情绪传达的信息,你的大脑也会越过你的自主意识自行开启保护模式。安静的环境有助于你减少信息量的输入,哭泣的行为能够引发周围人的关注并减少你的活动量。瞧,这就是我们大脑的节电模式——减少行为的发生频次。正是因为这个特殊的原理,很多人都会觉得悲伤的人看起来呆呆的,就像插图里面所表达的,一个人顶着一个方方的木头脑袋,躲在一个厚厚的茧壳里面。

悲伤和抑郁的影响——结果

悲伤和抑郁在躯体感觉方面是有明显的区别的。悲伤的躯体感觉主要呈现出两个特点：痛和紧。当我们伤心的时候，我们的喉咙会发紧，胸腔也会很紧，有压迫的感觉，所以，我们会觉得喘不上气。如果过于伤心的话，还会觉得心痛，所以我们有的时候会用"心痛"来表达悲伤的情绪，当然我们也会用"心疼"来表达对他人悲伤的感同身受。可见悲伤对我们的心脏有很大的影响。

抑郁的躯体感觉很简单，"沉重"是关键词，有过抑郁经历的人肯定能够理解什么是沉重。当你在抑郁的情绪中时，你仿佛沉浸在黏稠的胶状液体中，你身体的每一处都覆盖着这些黏糊糊的胶质，这让你行动困难、无法呼吸。你多半会和周围的人抱怨你的头很沉，整个身体就像有千斤重，所以当我们抑郁的时候，我们会一动都不想动，因为实在是动不了。

悲伤和抑郁最大的作用就是修复，它激发的自动保护机制为我们提供了缓冲的时间，让我们有机会重新"充电"达到满格状态。这也是为什么我们需要悲伤。很多人都觉得悲伤实在是太可怕了，实在不想经历悲伤，但是如果没有悲伤的叫停功能，我们的身心会因为过度"超载"而形成不可逆的伤害。悲伤和抑郁就是对你身心进行健康评估以后的一个警报提示，提示你需要进行休眠。

是的！是休眠不是休息，这两者之间是有本质的区别的。休眠的重点在于节能，也就是说你需要把自己的能耗降到最低水平，仅仅够维持基本生存就可以了。

当然悲伤和抑郁导致的最坏结果也源于休眠，当我们进入休眠模式后，我们的能力会下降，因为我们停掉了身心很多的功能。长期在这样的处理模式下，会让我们失去能力感，觉得自己很没用。这就危险了，这样的感受会严重打击我们的自信。

智者的提醒——警惕负性循环的永动机

情绪管理最需要我们注意的就是警惕负性循环的永动机。如果你发现自己有这种可怕的负性循环，就一定要把它放在改变列表的首要位置。

负性循环永动机首先必须是闭合的环路，悲伤和抑郁是最容易形成闭合环路的。当我们感到悲伤和抑郁的时候，我们的行为发生频次会降低，功能会下降到最低标准，我们会明显感觉到自己的能力是低下的，这个感受是真实的。如果根据悲伤或者抑郁时的能力表现来评价自己，你肯定会得出自己很无能的结论。这很可怕！如果你不了解悲伤和抑郁的情绪，你会认为自己的能力再也回不来了。你开始对自己失望，对自己能够胜任的工作和任务感到怀疑；你开始刻意回避那些你觉得难以完成的任务。于是，你在现实层面的能力体验越来越少，你对自己越来越失望，你越来越悲伤和沮丧，你的能力会变得越来越弱。

哎呀，好长的一段话呀，怎么样，有没有觉得有点喘不过气来？哈哈。歇歇，这也是没办法的事，永动机没有尽头，没有人知道句号在哪里。

瞧，这个闭合的环路首尾相连，闭合性环路至此形成了。

这个闭合性环路一经形成，我们的思维就像转轮里面的小白鼠，看似在努力奔跑却从没有离开这个环路。这就是为什么我会把这个闭合性环路叫作永动机。如果没有特定的技巧打破这个环路，那么长期地陷在这个环路里几乎是一种必然的结果，这也是为什么很多人都觉得处在悲伤和抑郁情绪里面的人总是车轱辘话来回说，你告诉他的，他一概听不进去，也很难走出来。

看出来了吧，悲伤和抑郁的情绪可以帮助你"充电"，让你再次元气满满，所以，我们是需要悲伤和抑郁的情绪的。

而管理悲伤和抑郁情绪的关键点就是适可而止，当你"充电"以后，要有能力终止休眠机制，防止能力感的永久丧失。

好了，各位朋友，本章为你介绍了三类需要我们重点关注的情绪，它们分别是焦虑和恐惧、悲伤和抑郁，以及愤怒。想好了吗，你想把哪种情绪作为此次管理之旅的目标？

哈哈！你不会想要告诉我这三种情绪都需要管理吧！别问我是怎么知道的。

愤　怒

愤怒是种爆发性极强的情绪。在生活中我们对不同程度愤怒的表达不尽相同，当你生气、烦躁、"上火"时，都是在表达愤怒的情绪。

我猜，愤怒可能是你最想管理的情绪。

为啥我会知道呢？

因为这种情绪过于强烈，发作的时候你很难忽视，更重要的是，这种强烈的情绪控制起来非常困难，它几乎完全遵循本能的发生路线一气呵成。如果这些对你来说还不算什么，那么最严重的是，愤怒的情绪总是和攻击的行为联系在一起。

总结起来，愤怒这种情绪虽然持续的时间比较短暂，但是造成的后果比较严重，如果控制得不好，你有可能还会受到法律的制裁。

这就是为什么人们最先注意到的情绪大多是愤怒，无论是对自己的愤怒还是对他人的愤怒，我们都会给予更多的关注。当我们发现哪个人特别愤怒时，我们还会有意识地远离他，所以愤怒情绪频发的人多半没有很好的人际关系。

我们之所以格外关注愤怒情绪，不仅仅因为其后果被重视，还因为愤怒情绪会引来很多负面的评价。尤其是在我们国家，主流文化对于愤怒并不宽容，特别是在公共场所发脾气的行为，更是被大家所鄙视。我们的文化观念对于善于控制愤怒情绪的谦谦君子有更高的评价，这就使得大部人在愤怒过后都会后悔，感觉自己冲动了，想着其实换一种方式处理问题也不是不可以。

当然如果这种批评的声音过于严厉，人们还会产生羞愧感，觉得自己像个泼妇一样发脾气是一种特别不得体的行为。

所以，愤怒虽然是一时性的，但是它带来的后悔和羞愧情绪可能会折磨你很久。

智者的提醒——评价情绪的唯一标准应该是适应与否

次级情绪是指在情绪之外产生的情绪，这种情绪多半伴随着批评的声音，这种批评的声音来自我们自己的评价系统。这个系统里面存在大量的标准，这些标准都是我们在成长的过程中被教育出来的。我们从父母那里学习，从同伴那里学习，从偶像那里学习，还会从影视作品、文学作品等各种文化产品中学习，当然我们也会从学校教育中学习。

这些标准几乎覆盖我们生活的方方面面，我们不仅仅用这些标准去评价别人，还用这些标准评价自己。如果我们在评价自己的过程中得出的结论是正向的，我们就会产生诸如开心、得意、自信的情绪；如果我们在评价自己的过程中得出的结论是负向的，那么我们就会产生悲伤、后悔、羞愧的情绪。

次级情绪就是我们用自己的标准去评价自己的情绪以后产生的一种情绪。因为它的评价对象是情绪，产生的也是情绪，所以我们就把这种情绪叫作次级情绪。其实，次级情绪还是一种情绪，这里之所以给它再取一个名字，是为了强调这种情绪的来源也是情绪。

当然，我在这里为这类情绪重新命名还有一个更重要的原因，是想要提醒各位宝贝，情绪说到底就是一种情绪，其本身并没有好坏之分，它只是我们人类进化出来的一种驱动机制和奖励机制。

情绪的驱动机制，主要指情绪本身蕴含着特定的心理能量，情绪一旦产生，就必然会激发和维系某种行为。就像焦虑情绪会激发"备战"行为，愤怒情绪会激发攻击行为，悲伤情绪会激发"充电"行为。虽然有的时候我们会用理智介入，及时阻断这种驱动机制，但是蕴含在情绪中的能量却会保留很长时间，让我们感觉非常不舒服。

情绪的奖励机制首先表现为情绪有标记功能。在人类的心理加工机制里面是有优先级别的，被情绪标记的事情会被优先记住，并被优先处理，还会优先占用我们的资源。这就是为什么带有情绪的"事情"会在我们的头脑中一遍一遍地回放，即使我们需要做其他的事情也很难停下来。

情绪的奖励机制还体现为我们对不同的情绪有不同的喜好。我们更愿意体验快乐、得意、幸福等引起我们舒适感觉的正向情绪，对于悲伤、焦虑、愤怒等引起我们极度不适的负向情绪我们是避之不及的。这就使得我们会本能地趋近让我们有正向体验的事物，而这些被正向情绪标定的事物都是对我们的生存有利的。比如我们在吃甜食和高油的食物时会觉得快乐和幸福，这是因为我们个体的存活是需要这些高热量的食物作为支撑的。因为这些食物被快乐和幸福标定，所以我们就会更多地想要进食这种食物，这样我们就会活得更好。随着时光的流逝，我们可能不会知道哪些食物是高热量的食物，但是幸福和快乐的感觉会让我们本能地选择这些高热量的食物，而对于引起我们负向体验的事物我们都会想尽办法远离。

从根本上讲，情绪的出现是为了让我们能够更好地适应环境，更好地生存下去。所以情绪只需要有一个分类标准：适应与否。

如果是适应的情绪，即使这种情绪让我们感觉特别不适，也是我们应该保有的。就像焦虑这种情绪，它的确会让我们不舒服，当我们处在这种情绪中时会感到很烦躁。但是如果它能够让我们成功规避未来的危险，那么即使你不喜欢这种情绪，这种情绪也是要保留的。例如，你会因为担心感冒而主动佩戴口罩。

如果你的焦虑和未来的危险并无关联，这个时候焦虑既没有帮助你规避未来的危险，又消耗了你的心理能量，那么这种焦虑就是不适应的，就应该进行管理。比如，你担心地球会毁灭，便花费大量的时间囤积食物、挖防空洞。这就是为几乎不可能发生的危险损耗自己的精力，那你就可以把这种情绪标定为不适应的情绪加以管理。所以，无论你选择的是什么情绪，我们都应只专注于管理那些不适应的情绪，保留那些适应的情绪，这样我们才能更好地利用情绪提高我们的生活质量和工作效率，保证我们的身体健康。

愤怒的产生条件

愤怒总是和伤害相伴而生。通常当我们的利益受损或者我们在达成目标受阻的时候，我们会感受到被伤害。

这里我可以和大家分享很多例子。

今天你收到某通信公司的话费账单，一个月的费用竟然有 1000 多元，平时都是 100 多元。这时候你必然会很愤怒，因为你觉得通信公司在"侵吞"你的财产，这损害了你的经济利益。

这学期你一直努力学习，希望自己能够拿到一等奖学金。可是当你拿到考试试卷的时候，发现大部分题目都不会做。这个时候你也会很愤怒，因为这份试卷让你拿一等奖学金的目标泡汤了，想要达成的目标被阻断，对于你来说就是一种伤害。

还有一个我们耳熟能详的例子。在辅导自己孩子功课的过程中，很多父母都无法保持淡定的状态，时常陷入愤怒的情绪中无法自拔。很显然，这些父母之所以愤怒，肯定是在辅导孩子写作业的过程中感受到了伤害，那么这些伤害是怎么形成的呢？

很简单，第一条路径是这样的。当你在辅导孩子功课的时候，如果他怎么都学不会，你有可能会认为是他的学习态度不够端正，那么你会觉得他在浪费你的时间，这损害了你的时间利益，让你很愤怒。

第二条路径，当你的孩子怎么教都教不会的时候，你会觉得他很笨。有个这么笨的孩子让你觉得很丢脸，这损伤了你的自尊，让你很愤怒。

第三条路径是最有意思的。你可以回忆一下孩子还未出生时的感觉。你每天都在心里面描画他的模样，他是不是长了爸爸的眼睛，妈妈的鼻子；他是不是会像爸爸一样擅长写作，像妈妈一样有音乐天赋等。总之，你觉得他是个无比可爱、天真的孩子。你从不愿意设想他会是一个丑娃娃，他的智商平庸，甚至达不到平均水平。是的！自从你的孩子开始上学以后，你不得不面对他很普通的现实，这个幻灭的过程实在难以让你心平气和。

怎么样？！各位，大家现在都能理解愤怒产生的条件了吧。

愤怒的现实表现——行为

愤怒这种情绪一经产生就会引发攻击行为。

有些攻击是隐性的。所谓的隐性攻击是指仅仅出现在你的脑海中，并不会付诸攻击行为的想法。隐性攻击一般都是由于你害怕真的实施攻击行为会引发不良后果，所以就会退而求其次，在大脑里面通过想象来实现自己想要攻击的欲望，这算是一种不得已的选择。

还有些攻击是显性的。像谩骂、指责、动手等，是我们可以通过肉眼观察到的攻击行为，这种行为通常有明确的指向性，会指向你觉得致使自己利益受损的对象。

智者的提醒——警惕我们的愤怒攻击对象是"替罪羊"

这里大家要注意的是，我们攻击的对象是我们自己认为需要为我们的损失负责的对象，但其实这个对象不一定该为我们的损失负责。有些时候这些被攻击的对象可能只是"替罪羊"。

这里我和大家分享一个有意思的例子。我曾经遇到过一位男士，他的事业一直不顺利，经过思考他觉得这都是因为他没有找到一个好妻子，于是他就经常和自己的妻子争吵，最后和妻子离婚。其后他又陆续结过三次婚，都以离婚收场。然而他从来没有考虑过，他的事业不顺利可能和自己的能力有很大的关系。

有人也许会说，他为什么不睁开眼睛看看现实，分明是他自己能力不足，和他的妻子有啥关系。为什么不愿意看到现实？当然是现实让人难过。如果他把自己的失败归因于自己的能力，他就会成为被攻击的对象，他不想这样，所以把自己的妻子作为"替罪羊"来攻击是最好的选择。从这个例子里大家可以看出，"替罪羊"的出现，多半是因为真正的攻击对象是我们难以接受的，因为无法攻击真正给我们造成损失的对象，我们不得不转而寻找"替罪羊"发泄怒火。

愤怒的影响——结果

提到愤怒，我们迅速想到的几乎都是坏的结果。

是的。愤怒确实容易对我们的生活产生很多不良的影响。

首先，情绪对我们的生理水平必然会产生影响，当我们陷入愤怒情绪的时候，呼吸急促、心跳加快是比较典型的躯体感受。虽然看起来愤怒情绪引起的躯体反应和焦虑很像，但其实还是有很大区别的。愤怒情绪引起的各种躯体反应是为了给后面的攻击行为提供"后勤保障"。因为攻击是个力气活，所以愤怒引起的生理反应更多集中在心脏，只有心脏的工作效率提高了，才能在短时间内为激发攻击行为提供更多的"能量"，这也是为什么长期处于愤怒情绪之中会增加心脏病的发病率。

其次，因为愤怒情绪总是关系着对被攻击对象的惩罚，所以不可避免地会引起对方的愤怒和恐惧。如果对方对你感到愤怒，那么他可能也会出现攻击行为，然后……就没有然后了。

如果对方对你感到恐惧，他就会想方设法地避开你，然后……也没有然后了。

智者的提醒——和关系有关的目标更容易受阻

在关系中我们常常会陷入一个怪圈，当我们处在某段关系中的时候，我们很难做到不对这段关系有所期待。"期待"说得直白点就是一个目标，是在关系中你想要达成的美好目标。

为什么在这里我要把关系单独拿出来讲，是因为关系不是独自一人可以缔结的，关系无一例外地都会涉及两人及以上。这个前提就会触及一个特别重要的现实，那就是关系并不是靠你一个人努力就可以达到目标。它需要相互配合，所以关系中的目标特别难于达成。这也是为什么在关系中失望发生的概率会比较高。而自己想要达到的目标一旦受阻，愤怒情绪就会顺势而来，接下来就会产生攻击行为，这是一个特别有意思的现象。

各位宝贝！如果我在你没有愤怒情绪的时候问你一个问题，你的答案是什么？

通过愤怒和攻击能够获得爱吗？

我相信大部分人都会觉得我疯了，通过愤怒和攻击是肯定不会获得爱的。

恭喜你答对了。

但是仅仅答对就有用吗？让我们复盘一下你在关系中种种很"作（zuō）"的行为。

当你在关系中没有得到你想要的关爱，你通常会做什么？

我们拉黑对方，我们威胁要结束这段关系，我们用尖酸刻薄的语言攻击对方，我们不断地批评对方不够重视这段关系，我们甚至动手……所有这些都是因为我们想要一段美好的关系。

亲爱的，也许对方会因为恐惧暂时屈从于你的攻击，但那只是行为

的改变，情感是不会跟着改变的。这已经是最好的结果了。

事实上最有可能发生的结果，就像我在前面讲的一样，愤怒引发的攻击行为只会让被攻击的对象心生怨恨，最终导致关系在不断地攻击中损失殆尽。这也是为什么很多人在建立亲密关系的过程中会那么"面目可憎"，像个怨妇一样怨声载道。

宝贝，如果你想要拥有一段良好的关系，你需要特别注意控制自己的愤怒，不要让愤怒伤害了你的重要的关系。

哈哈，看到愤怒如此之多的不良影响，你是不是迫不及待地想要把所有的愤怒都消灭？大可不必！各位，其实愤怒的好处同样特别重要。

首先，由于愤怒情绪激发的是攻击行为，所以这种情绪最大的作用就是帮助我们捍卫自己的权益，使之不受侵犯。因为攻击行为能够引起被攻击对象的恐惧，让被攻击对象感到害怕本就是一种惩罚，惩罚是可以使某些行为的发生概率降低的。

这在我们的日常生活中并不罕见，我们有些时候之所以习惯性地打骂孩子，除了发泄愤怒情绪，还有一个特别重要的原因：打骂行为本身可以引起孩子的恐惧，进而达到惩罚的目的。你可以非常清楚地看到，打过孩子以后，他那些让你生气的行为会暂时性地锐减，这个现象会让你得出一个结论，打骂这种行为的教育效果还是不错的。

就像前面的一个例子，当你感到愤怒时，你可能会直接打电话给营业厅的工作人员，要求他们重新核查账单；你可能打电话过去辱骂工作人员办事不力；你有可能告诉很多人这家通信公司有多差劲；你也可能会停掉现在的号码，转去别家通信公司。看出来了吗？攻击行为可能是多种多样的，但所有的攻击行为都能产生惩罚的效果，让伤害你的事情停止发生。所以愤怒这种情绪对我们是有保护作用的，它通过激发攻击行为使我们免受伤害。

其次，愤怒这种情绪可以帮助我们增强声势，引起别人的重视。大家可以回忆一下，我们在愤怒的时候是不是都会倾向于做一些特别的动作。比如，愤怒的时候我们会叉腰，我们的胸膛会下意识地挺起，我们的嗓门会变大，这些动作都是为了让我们看起来更强壮，这样才能迷惑对方，让别人认为你拥有很强的战斗力。通过躯体动作让对方重视你，不敢小瞧你。

在心理层面也是如此，当一个人愤怒的时候，会引起被攻击对象的恐惧。当被攻击对象恐惧的时候，他就会想办法避免以后再让你发脾气。所以，我们在日常生活中会格外重视人们在愤怒时提出的要求，愤怒是一种大家格外关注的情绪，能为我们的言语和行为加上醒目的着重号。

怎么样？大家是不是通过本节对愤怒的介绍，更加理解我们之前所讲的关于情绪好坏的评价标准了？用好愤怒情绪，你会更勇敢，更能保护自己的权益，你也能利用愤怒增强自己的声势，引起别人对你的重视；但用不好则伤人、伤己、伤关系。

所以，我们管理情绪的目的并不是消灭它，而是高效发挥情绪的优势，扭转它的劣势，使情绪为我们所用。

如何制订情绪管理计划书

锚定一种情绪进行管理

智者的提醒

亲爱的宝贝，在本次管理之旅中你需要选定一种情绪作为管理的目标。

记住！

就一种情绪，不要贪多。

因为我们的心理能量是有限的，当我们的心理任务比较多的时候，我们就不得不将有限的心理能量分配在不同的任务中，这样就会导致每一个任务可以使用的能量明显不足。除非你同时进行的几个工作对你来说都非常熟练，否则就会导致工作效率低下，工作质量大打折扣。

既然大家选择使用情绪管理指导方案，就说明大家在情绪管理方面有些捉襟见肘，缺乏相关的技能，也就是说并不存在能熟练完成任务的情况，所以我们不能同时选择几种情绪去进行管理。

回溯自己这一生中定下的目标，相信你一定会发现由于贪多而增加工作量，导致任务失败的例子比比皆是。

以教育孩子为例。如果我们想要让孩子改掉一些缺点，比较忌讳的是对孩子所有的问题都进行批评和指正，然后要求他有所改进。正确的做法应该像我们进行情绪管理这样，只选择一个需要改进的坏习惯，在较长的时间里只关注这个习惯，对其他的习惯暂时选择视而不见。这样才能避免因为多任务"加工"导致孩子对每个任务的"加工"频率和"加工"深度都不够，最终很难把新的行为模式固定下来。如果坚持一段时间仍看不到效果，家长和孩子就会觉得很挫败，于是各种责备也接踵而来。原有的问题没有解决，还给孩子新添了"不努力""不自律"的标签。

难过，难受，可悲，可怜。

同理，我可以想象你在生活中想要管理的情绪也很多，这周你受焦虑情绪的影响比较大，你就管理一下焦虑情绪。到下周焦虑情绪没那么严重了，你又遇到了让你感到悲伤的事情，你就管理一下悲伤情绪。再到下一周的时候，你干了一件错事，觉得特别愧疚，就又想管理一下自己的愧疚情绪。

各位朋友，如果你这样跳来跳去，那么就等于你每一周在都重新开始，效果一定不会好。

所以如果你选择其中的一种情绪去处理，你就要足够坚定，要对其他情绪的干扰视而不见，从一而终。即使在那一周你受另一种情绪的影响很深，你也不能考虑转而去管理另一种情绪。

这里还有一个好消息要告诉大家，虽然你只选择对一种情绪进行管理，但是管理情绪的能力是通用的，当我们集中火力对付一种情绪的时候，管理情绪的能力会显著提高，很快你会发现自己管理其他情绪的能力也在提高。这属于能力的迁移现象，是你自己迁移扩展的一个结果，我并不会禁止。

我的要求是，你在练习和作业中，从始至终都必须只关注一种情绪。

都明白了吗？

接下来就开始选择目标情绪吧。你可以选择一种对你影响最大的情绪，也可以选择一种自己管理起来可能更容易的情绪，当然你也可以选择最不容易管理的情绪，都可以。

好了，让我们把各自选定的情绪写在下面吧。

_____

_____

_____

_____

嗯，怎么看都是个不错的选择！

测试目标情绪的基点水平

如果你已经选好了，那么就让我们先测试一下自己的起点在哪里吧。这样做很重要，千万不要图省事潦草带过。

下面我会提供给你一个量表，它可以帮助你了解你的情绪状态。你也许会说："我不需要量表测试，我对自己的情绪非常了解，为什么还需要表格呢？"

宝贝，相信我，在情绪管理这个维度我一定比你知道的多，这本书为你提供的指导方案是经过众多案例检验的。所以，我对你在情绪管理的过程中可能出现的任何情况了如指掌。我之所以提醒你一定要通过测试确定你的情绪基线水平，是因为你感受到的和量表测试出来的可能是两个完全不同的结果。

一、主观观察

关于情绪的主观观察，是指人们根据感受到的情绪评估情绪，是一种基于感受维度的感受。当作为体验主体的我们深陷在情绪的漩涡中时，我们是被情绪漩涡裹挟着不断翻滚的。在这种状态下，我们没有能力去观察周围的环境，区分优势劣势，也就难以做出一个真实的判断，不知道自己脱困的概率有多大。事实是，在这种情况下，大家只会觉得自己被情绪拖累得筋疲力尽、痛苦万分，所以这个时候我们对情绪的感受往往会被放大。

在主观观察情绪的时候，我们一般都是根据下面三个问题来实现的。

（一）在过去的一周里，你感觉到目标情绪的发生频率是多少？

0 = 从没有感觉到此情绪。

1= 虽然不是常常体验到此情绪，但是会偶尔感觉到此情绪。

2= 大约一半的时间感觉到此情绪。

3= 经常感觉到此情绪，大部分时间都感觉到此情绪。

4= 总是感觉到此情绪，几乎所有的时间都在此情绪中。

（二）在过去的一周里，当你感觉到此情绪时感受有多强烈？

0= 几乎没有体验到此情绪，对于此情绪的体验不明显。

1= 大部分时候，对此情绪的体验程度很低。

2= 大部分时候，对此情绪的体验程度很明显。虽然在可以控制的范围内，但还是感觉会被此情绪打扰。

3= 大部分时候，对此情绪的体验程度很强烈。虽然大部分时候都不会表达此情绪，但长时间会被此情绪打扰，很难平复。

4= 大部分时候，都会被此情绪控制，经常会后悔自己处在此情绪中做出的决定和采取的行动。

（三）在过去的一周里，当你感觉到此情绪的时候，你需要用多长时间平复？

0= 很快，几乎不需要很长时间就可以平复此情绪。

1= 时间不长，虽然需要一些时间，但是并没有因为此情绪而影响平常的生活质量。

2= 需要一些时间，大部分时候，都需要一段时间才能平复此情绪，对自己的生活有一定程度的影响。

3= 需要较长的时间，大部分时候，都需要很长时间才能平复此情绪，会不时地想起引起此情绪的原因，此情绪对自己的生活有很大的影响。

4= 需要很长时间，大部分时候，都感觉没有办法平复此情绪，会不断地反复回想引起此情绪的原因，对自己的生活和工作都有极大的影响。

大家如果感兴趣，可以把自己每道题目的得分加在一起得出一个总分。下面我们还会根据客观观察得出一个分值，有兴趣的话，大家可以把两个分值放在一起比较一下，看看你在观察情绪的过程中受主观观察的影响有多大。

二、客观观察

客观观察是指摆脱情绪的裹挟，通过和情绪保持适当距离完成对情绪的评估。因为我们身在情绪中，所以想要和情绪保持适当的观察距离是一件非常困难的事，但我们可以通过使用量表评估情绪的方式和情绪拉开距离，完成客观观察。它相当于把你从情绪的漩涡里拖拽出来，让你有机会站在对岸的山顶去"俯瞰"情绪，这时候你会发现情绪并没有想象得那么可怕，它的痛苦分值很可能低于你感受到的程度。

学会使用量表对自己的情绪进行客观观察是情绪掌控的关键一步，是你管理自己情绪使用的第一个技术，你需要每周都用下面的量表测试一次自己的情绪，把你得出的分值填进情绪管理进展记录图里，这样你就有了一个客观观察自己状态改变的机会。每当你觉得感受很不好的时候，觉得自己被情绪折磨得生不如死的时候，你就可以使用下面的评定

量表帮助自己进行情绪的客观观察。

在回答下面的问题时,请大家根据自己的行为和周围人的反馈填写,不要根据自己的感受填写。比如,即使你在一周的时间里都感觉非常痛苦,但如果你仍然坚持打卡上班,那么就不能说你的工作受到了情绪的影响。在客观观察的时候,我们不在情绪中,我们要用具体的行为和周围人的反馈评估情绪。

(一)在过去的一周里,你的情绪在多大程度上干扰你完成家庭事务?

0= 没有,此情绪没有干扰我完成家庭事务。

1= 轻度,此情绪虽然对我完成家庭事务造成了一些干扰,使我适度地简化了一些家庭事务,但是没有给我和我的家庭造成很大的困扰。

2= 中度,此情绪确实干扰了我完成家庭事务,我虽然能够完成大部分事情,但不能做得像往常一样好。家人能够感觉到生活质量下降,但是还在可以忍受的范围内。

3= 重度,此情绪真的改变了我完成家庭事务的能力,我虽然能够完成少量的事务,但还有很多事务无法完成。毫无疑问,我的家人也觉得受到了影响,产生抱怨。

4= 极度,我无法完成家庭事务,无法履行家庭责任,不得不依赖别人的照顾。

(二)在过去的一周里,此情绪在多大程度上干扰了你的社会生活和人际关系？

0= 没有，此情绪从来没有影响过我的人际关系。

1= 轻度，此情绪对我的人际关系有轻微的干扰，使我的一些朋友关系受到了一些影响，但是总体还是可控的。

2= 中度，我的人际关系受到了一些干扰，虽然我仍能有一些较好的人际关系，但是和周围的人相比，我的人际关系受此情绪的影响比较大。

3= 重度，我的人际关系受到了很大的干扰，社会生活受到了很大的影响。

4= 极度，此情绪使我的人际关系非常混乱，也使一些人际关系因此中断，社会生活也变得极度紧张。

（三）在过去的一周里，此情绪在多大程度上干扰了你的工作状态？

0= 没有，此情绪从来没有影响到我的工作状态。

1= 轻度，虽然此情绪对我的工作状态有轻微的干扰，但是周围的人并没有对我的工作状态有负面反馈。

2= 中度，我的工作状态受到了一些干扰，虽然我仍能坚持到岗，但是和周围的人相比，我的工作状态受此情绪的影响比较大，周围的同事也能明显地感觉到。

3= 重度，我的工作状态受到了很大的干扰，我已经不能坚持每天到岗。

4= 极度，我已经离职，不再工作了。

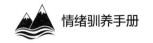

好了，现在请将你每道题目的分数加在一起得出一个总分。

怎么样，通过两个量表得出的分数是不是有着明显的差异，哪个分数更高一些？相信大家通过对比两个量表，多多少少能体会到主观观察和客观观察的差距。我们在开始学习这本书之前，大多习惯用主观观察评估情绪，现在开始，我们要时时练习用客观观察来评估自己的情绪，同时还要把客观观察的结果记录下来。

好了，让我们开始吧！

现在，我们需要一个基点。基点就是对我们目前现状的评估结果，也就是你还没有开始学习管理自己的情绪时所表现出来的情绪状态。我们用情绪客观观察量表测试一下近一周的情绪状态，就会得出一个数值，这个数值就是你的基点，这也是你的情绪管理起点。

请将你算出的总分标记在下图中。

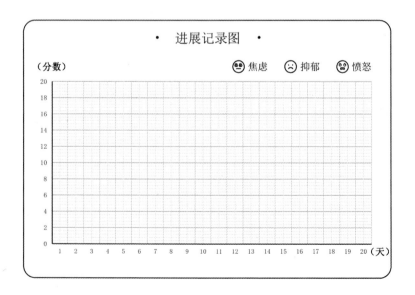

它会逐渐变成一条漂亮的曲线，有时上升，有时下降，但总体趋势一定是下降的，你可以直观地看到自己的胜利。

从此以后，你都要用这个基点作为评价自己是否成功的标准。如果你想知道自己是不是有进步，那么你可以用改变后的分值与基点做比较。

是不是很完美呀！

让我们来一起看看下面这张进展记录图。

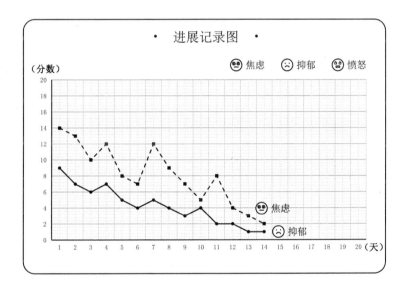

图里面一共记录了两种情绪，分别是焦虑和抑郁。

大家首先注意到的是什么，是不是这两条曲线的各种波折？

是的，这就是我们情绪管理历程的真实写照。某一天你决定管理你的某种情绪，于是信心满满、全力以赴。不错，你有一个好的开头，这一周你赢了，你特别有信心，以为会一直赢下去。

哗啦，谁知一盆冷水浇下来，你又被情绪摆了一道，情绪又一次让你见识了它是如何破坏你的生活和工作的。

你开始失望，觉得和情绪之间的这场战争自己根本没有机会赢。

你想放弃，想躺平，甚至后悔自己当初为啥头脑一热信了这本书的鬼话。现在可好，不仅没有变好，甚至比之前更糟糕了。

这种情况必然会出现，看看进展记录图，看看在整个历程里你会经历多少次这样的失望。你要做好心理准备。

这样，当这一刻到来的时候，你就可以得意地仰天长啸：

"我是一个智者，一个预言家，一切都不出我所料。"

这样一来，你即使遇到挫折，也可以信心满满地对自己说："道路虽然曲折，但总的趋势是不会变的。"一路向下是这个变化的总趋势，所以怕什么一时的波折呢！

现在大家明白了吧，进展记录图的作用就是，当你被情绪带跑，再次陷入情绪的漩涡中不能自拔时，让你想起自己的成绩和能力，帮助你减少失落和痛苦。

这个时候你只要拿出进展记录图，从起点看起，这个起点是我们第一周还没有开始管理情绪的时候测的基点，一路看到最后。

你看到了什么？

证据呀，现实的证据！不论你的感受有多难过，不论悲伤和抑郁的情绪多想把你往沟里带，你也不得不承认你在进步。进展记录图可以用事实性的数据帮你清晰地评估你的进步。

同时，进展记录图还可以帮助你分析情绪变化轨迹，找出有效的方法。

每一次曲线上升的时候，都是一个机会。它可以帮你分析这一周的经历，帮你发现是什么激发了你的目标情绪，是什么让你在和情绪的角力中落了下风。同样，每当曲线下降的时候，你就有机会分析出是什么让你的目标情绪开始下降，是什么让你在和情绪的角力中占了上风。在不断地盘点和总结中，最终你会找到自己的优势和技能。

经过这么一番操作，你还有什么可担心的呢？

💬 评价一下我们的学习成果，是否已经完成以下学习内容，
可在下面的 □ 里打 ☑ 或 ☒

1. 了解了觉知情绪的重要性　　　　　　　　　　　　　□
2. 了解了焦虑和恐惧、悲伤和抑郁，愤怒的发生条件、□
现实表现、影响
3. 学会了制订情绪管理计划书的方法　　　　　　　　□

太棒了，你已经完成了本章的学习任务！恭喜你获得了"情绪解读师"
称号！继续加油吧！

治疗师：_____　　　　　　　　　　日期：_____

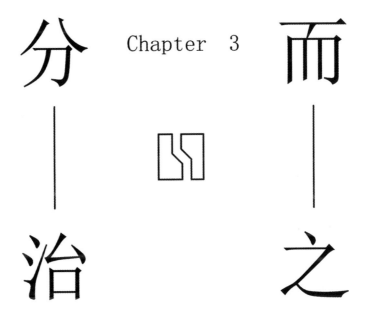

Chapter 3

分而治之

做一个情绪分解师

各位宝贝，在开始本章的学习之前，我想知道你们是否已经描绘好了自己的基点，你的进展记录图上是否已经有了一个可爱的标记，如果是，那么就让我们开始本章的学习吧！

智者的提醒——情绪的最小单位

当我们说到情绪的时候，通常都以为它就是最小单位了。其实不然，情绪还可以分解成更小的成分——想法、感受和行为。当这三种成分纠缠在一起时，就像是拧在一起的龙卷风，它的力量非常强大。我们被如此强大的力量裹挟着，出现力不从心的情况也是很正常的。

此时的你，是不是感到一股恶气堵在心口？

在和情绪的战争中，你屡次被打倒在地，它的强大让你看不到胜利的希望，你以为你是在和一个"人"战斗，其实你应对的是三个"人"。哈哈，这么一说，你是不是觉得情绪在之前的战争中简直无耻至极、胜之不武，难怪你之前老是输，敢情你一直在被"群殴"。

但是，如果我们有一种方法能将情绪的成分分离开，就像是把一阵狂风分流成了三份，那么每一份的力量自然就会减弱，这个时候你面对其中的一份就不会被轻易吹跑。这样一说，大家是不是感觉有一盏明灯突然在你头顶亮起，你一下子就想到了一个必赢的战术——分而识之，各个击破。

聪明！这就是我们今天要学的第一个技术——情绪分解技术。学会这个技术以后，你要随时记录生活中的情绪，并且尝试着把情绪分解开来，这样你就会拥有很多情绪分解图。

情绪的组成成分——情绪分解技术

现在，就让我们开始了解情绪是由哪三个部分组成的。

如下图所示，情绪包含想法、感受和行为三种成分。

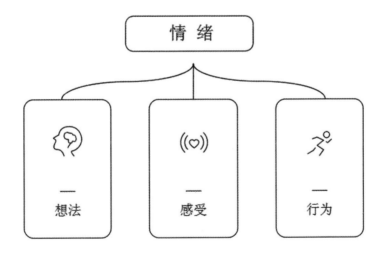

情绪的第一种成分——想法

当我们遇到一件事情的时候，会产生一些想法，它们多半都与正在

发生的这件事有关，这些想法有的时候我们知道，有的时候我们不知道。相信我，无论你知不知道，这些想法都在。有些想法你不知道，只是因为它们出现得太快，快到你都来不及抓住它们，但是它们造成的影响却是实实在在的。

下面我来给大家举个例子。假如你做了一个讲座，领导听过以后，希望你回去再添加一些例子，你会有什么想法呢？

	想法	感受	行为
a	领导对我不满意		
b	我准备得很好了，领导故意挑我毛病		
c	领导希望我做得更好		

智者的提醒——你需要一个态度

怎么样，大家发现了吗？即使我们遇到的是相同的事情，想法也可能会完全不同。

不同的想法会导致不同的感受，不同的感受会激发不同的行为，最终你会有一个特别不一样的结果。

所以，你需要树立一个新的观念：情绪来自我们内部的认知世界。

咳咳！注意了！各位宝贝，接下来我要以大师的方式写这本书，如果你发现你突然看不懂下面的内容了，不要惊慌，并不是你的智商出了问题，而是我的说话方式变得晦涩难懂了。怎么了？不准生气！谁叫我是本书的作者呢。不过别着急，我坚持不了多久，估计你读完下面这段以后，我就恢复正常了。

接下来，我将带领大家建构一个简单的模型，这个模型代表着我们的认知世界。为了方便大家理解，我会把这个认知世界一分为二，一个世界是映射世界，一个世界是赋意世界。

本书提到的映射世界是指人们通过特定的操作过程，将外在世界映射到大脑的结果。简单地说，就是人们通过感官接收外在世界的信号，然后通过一套固定的规则，将这些信号翻译出一个结果的过程。比如，外在世界有一朵白云飘浮在天空中，我们的大脑里也会有一朵白云飘浮在映射世界里。当这朵白云反射的光线被人们的眼睛接收到以后，它就会沿着既定的轨道到达我们的视网膜，这个轨道里面包含的各种结构我就不一一赘述了。这段光线在视网膜上被转换成了某种电信号在神经系统里辗转，最终在大脑皮层的"加工"线就有了一朵白云的影像。这样我们就有了一个组成映射世界的碎片。

这个过程就像我们每个人都拿着同样的密码本，这个密码本里面记录了所有的规则，只要我们都按照密码本里面的规则操作，特定的刺激就会被翻译成特定的结果。这样，只要我们接受的刺激是一样的，最终的结果，即组成映射世界的片段就是基本相同的，所有的片段组合在一起，我们就有了一个映射世界。

赋意世界是在映射世界的基础上产生的，是更高一级的世界，是对

映射世界赋予意义的结果。这个赋意过程带有很多人们自己的知识、智慧、情绪和意志。本书中说到的想法——情绪三成分之一，就是赋意世界的一个碎片。映射世界是一个共性世界，在这里大家的想法都差不多。赋意世界是一个个性世界，在这里有我们很多与情绪有关的想法。当我们看到天上的一朵云时，我们不会仅仅满足于看到了它的质地、颜色、形状等物理属性，还会自发地为这朵云赋意。我们会觉得这朵云是一只可爱的小狗，是一只威武的狮子，也可能是只凶恶的豹子。"可爱的小狗""威武的狮子""凶恶的豹子"，这些都是想法，赋意世界会因为我们的个人经历和偏好千差万别，从而被赋予不同的意义，让我们形成一个拥有自己痕迹的世界。

映射世界不会引发我们的情绪，就像一朵白云不会让我们有情绪一样。但是赋意世界会激发我们的情绪，比如，一只可爱的小狗会让我们快乐。赋意世界离不开映射世界，必须以映射世界为基础，但是赋意世界又不仅仅局限在映射世界里，它拥有着人类的自主意识，是我们在映射世界的基础上建构的世界。

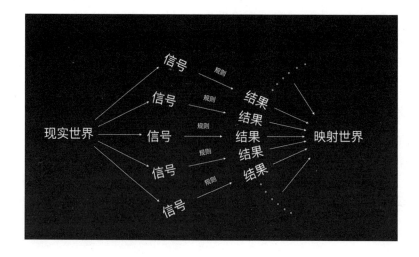

各位宝贝，结论来了，既然赋意世界里面有我们的自主意识，有我们的建构痕迹，那么拥有改变钥匙的只有我们自己。

就像我在这一节"智者的提醒"中说过的那样，这本书是我写的，所以我就拥有一定的主动权，可以在一定的范围里决定我说些什么，做些什么。那你的态度呢？

从现在开始，你将拥有这样的态度：我的情绪我承担，我赋意的世界，我来改变！

情绪的第二种成分——感受

感受作为情绪中唯一富含能量的成分，在情绪中占有举足轻重的地位。从某种角度来讲，感受就像一个被挤压的弹簧，其中充斥着大量的张力，当身体和心理感受到这种张力以后，就会产生相应的感觉。

先说心理层面的感觉。这是我们体会最深刻的一部分，我们可以很准确地为心理层面的感觉命名，平时我们谈论的开心、愤怒、悲伤等都属于心理层面的感觉。同时，我们也会产生一些身体的感觉。比如，恐惧的时候我们会心跳加快，屏住呼吸，手心出汗等，以上这些在本书第二章中"焦虑和恐惧的影响——结果"这一部分有过详细的介绍，如果大家忘记了，可以翻回去再看。遗忘是学习新技能的常态，这很正常，温故知新是应对遗忘的不二法宝。

心理和身体的感觉统合在一起叫作感受。

依然用前面的例子，我们来看一下不同想法下的不同感受。

	想法	感受	行为
a	领导对我不满意	心理感受是沮丧	
		身体的感受是沉重又软绵绵的	
b	我准备得很好了，领导故意挑我毛病	心理感受是愤怒	
		身体的感受是呼吸很重，面部潮红，拳头紧握	
c	领导希望我做得更好	心理感受是开心	
		身体的感受是脸部微红，身体轻快	

通过这个表格，我相信大家都已经领会了情绪的第二种成分——感受，让我们再来看一下第三种成分。

情绪的第三种成分——行为

这里的行为就是指在某种感受之下我们做了什么，或者我们想要做些什么。在通常情况下，我们会不假思索地在感受的驱使下做出反应，这是刻在我们的基因里的一种本能。积蓄在感受"蓄水池"里面的能量汹涌澎湃，行为是它们唯一的宣泄渠道。如果没有行为的疏导，这种能量会汇聚过多，漫过"河堤"，造成很可怕的后果。为了让大家能够更好地理解感受和行为之间的关系，我们就把这种行为叫作情绪驱动行为。

还是结合上面的例子，我们来看一下不同感受下的不同行为。

	想法	感受	行为
a	领导对我不满意	心理感受是沮丧 身体的感受是沉重又软绵绵的	找个没人的地方哭一场
b	我准备得很好了，领导故意挑我毛病	心理感受是愤怒 身体的感受是呼吸很重，面部潮红，拳头紧握	重重地摔门出去，想揍领导一顿
c	领导希望我做得更好	心理感受是开心 身体的感受是脸部微红，身体轻快	哼着歌回到办公室，开始修改幻灯片

你需要一个练习

接下来让我们练习一下，看看大家是不是可以顺利地把情绪分解成功。

练习一　一个因为无法管理愤怒情绪而不断伤害自己孩子的妈妈

我的孩子上一年级，我每天都要看着他做作业，每天在看他做作业之前，我都会告诉自己，今天要多一点耐心，一定不要发脾气。可是当我一次又一次地看到他把字写出格以后，我终于忍不住了，吼道："怎么又写出格了，怎么这么笨呀！"瞬间，我变身成一头发怒的公牛，开始对着他咆哮，大声地批评他，骂他笨。而当我看着孩子缩在椅子上，一脸惊慌失措地看着我时，我又开始后悔。我深知，在孩子的成长中，有一个包容、支持他的母亲是多么重要。每次对他发脾气只会让他更不知道该怎么做，让他对我们在一起的学习时光产生恐惧。更可怕的是，我的呵斥和辱骂会打击他的自信心，我不希望因为自己而让孩子越来越没有自信。为了把孩子教育好，我看了很多书，也学习了一些课程。我知道了哪些教育方法是恰当的，遇到不同情况应该怎么处理，但是在实际的运用过程中，我发现仅仅学习一些教育的方法是不够的。在情绪稳定的时候，我可以很好地运用这些方法；但是当我陷入愤怒的深渊里时，就什么方法都用不出来了。我逐渐明白，这些方法就像中国武术里的招式，没有内功，再好的招式也是难以发挥作用的，这里的内功就是情绪管理能力。如果我不能很好地管理自己的情绪，那么就算有再多的方法，我也用不出来。所以当务之急，我需要学习如何管理自己的情绪，让自己成为一位有教育能力的母亲。

	想法	感受	行为
1			
2			
3			

练习二　一个因为无法管理悲伤情绪而难以重新过上幸福生活的离婚女士

我有一段不到七年的婚姻，一直以来，我都以为我的婚姻是幸福的，我和丈夫都有自己的事业，相处得也很和谐，我支持他的工作，从来都不会拖他的后腿。如果不是无意中看到他手机里的社交软件，我相信我会一直幸福下去。离婚对我来说简直是晴天霹雳，顿时，我的世界坍塌了，仿佛整个世界都背弃了我。他的出轨对象比我年轻，比我漂亮，比我有钱，这让我的价值感荡然无存。我不知熬过了多少个无眠的夜晚，几乎什么都无心去做，蓬头垢面，感觉不到饥饿。我不想和以前的朋友见面，总觉得她们都比我幸福。除了勉强应付目前的工作，我几乎远离了所有的社交活动，每天沉浸在悲伤的情绪中。我已经30多岁了，我不知道以后的日子该怎样度过。虽然现在离异或者终身不婚的人数在增多，但是我身边的人基本都是成双成对的，无论怎样他们还算拥有完整的家庭。每天晚上我都站在窗前，看着一栋栋大楼里透出来的灯光，那么温暖，那么幸福，我觉得我这辈子都不会再有这样的幸福了……看到这些，大家是不是觉得离婚毁掉了我的幸福生活？在那段悲伤的时光里，我也是这样认为的。直到从离婚带来的悲伤中走出来后，我才意识到，毁掉生活的是悲伤的情绪。悲伤的情绪让我懒得为自己做任何事情。我不在意仪表，不在意身体，不在意工作，每天把愁苦挂在脸上。试想假如你的身边有这样一个人，你愿意和他交往吗？答案显而易见。悲伤让我成了一个彻头彻尾的失败者，让幸福的生活离我越来越远。

	想法	感受	行为
1			
2			
3			

练习三 一个因为无法管理焦虑情绪而越来越孤独的男士

我是一个被全世界逼婚的老男人。我从小就很胆小，害怕在别人面前讲话，爸爸妈妈总说我很害羞，有时候还说我不出趟（上不了台面）。小的时候，有一次爸爸让我向陌生人问路，我说什么都不肯去，被爸爸踢了好几脚。每次需要当众发言，我的脸都要红半天，心脏咚咚地跳个不停。我会觉得大家都在盯着我看，看得我心里发毛。于是每次我都低着头、弓着背，就像一个软弱无力的小虾米，声音也像嗡嗡的蚊子声一样小。所以上学的时候，我在班级里也没什么朋友，只和同桌偶尔说几句话，喜欢独来独往。随着一天一天长大，我越来越怕和陌生人接触。大学毕业以后，我选择了开网店，每天都躲在电脑屏幕的后面，只有这样我才觉得安全。随着我年纪的增长，周围的人都开始操心我的婚姻大事。我不是不想结婚，看着周围的同龄人接连有了自己的家庭，我也想有自己的家。可是我没办法解决自己的焦虑情绪，连家里人为我安排的相亲都不敢去，我怕别人会笑话我，怕搞砸一切。我多希望自己能战胜焦虑，能够鼓起勇气走上前和别人打个招呼，就算不是谈恋爱，交个朋友也挺好。

	想法	感受	行为
1			
2			
3			

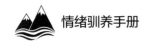

练习四　一个因为无法管理焦虑情绪而不断拖延的公司职员

我已经工作几年了，在工作上我算是一个有能力的人，也做出了一些成绩，但是我有一个特别不好的行为习惯——拖延。最近公司要进新人了，领导安排我去给新人培训。我知道这是领导对我的肯定，也知道这个机会对我来说特别重要，但我就是迟迟开不了工，我只是不断地玩手机、看视频、浏览网页。只要一想到要在那么多新人面前讲话，我就觉得焦虑，怕自己会出错，怕会被新人笑话。为了不让自己沉浸在这样的情绪里，我本能地想出各种方法，让自己不去想那些不愿意面对的情景，玩手机成了逃避的不二法宝。但是这种逃避焦虑情绪的方法却对我即将面对的工作有害无益，我一拖再拖，直到离截止日期越来越近，我背负着巨大的压力，熬了个通宵，在仓促中完成了这个教案，结果可想而知。表面上是拖延症害了我，但其实拖延不过是我逃避焦虑情绪的一种手段。理智的处理方式是，既然我担心自己讲不好，就应该花更多的时间去准备，把各种可能出现的状况都考虑到，而不是像现在这样，为了逃避焦虑情绪而忘了自己真正应该做什么，主动地把自己置于必然会失败的负性循环里。

	想法	感受	行为
1			
2			
3			

下面是以上练习的答案。

一个因为无法管理愤怒情绪而不断伤害自己孩子的妈妈		
想法	感受	行为
1　这孩子太笨了，永远也教不会	心理感受是愤怒 身体的感受是心跳加快、胸口很堵、呼吸急促	大声训斥孩子
2　我不应该对孩子发脾气	心理感受是愤怒（生自己的气） 身体的感受是心跳加快、呼吸急促	责备自己
3　孩子以后会越来越不自信	心理感受是焦虑 身体的感受是心跳加快、浑身紧张	不停地琢磨这件事

一个因为无法管理悲伤情绪而难以重新过上幸福生活的离婚女士		
想法	感受	行为
1　我被别的女人比下去了，我是一个失败的女人	心理感受是悲伤、抑郁 身体的感受是沉重、无力	不吃东西、睡不着觉
2　我是一个没有未来的女人	心理感受是悲伤、抑郁 身体的感受是沉重、无力	不见朋友、勉强上个班
3　我以后在别人的眼里会是个怪女人	心理感受是焦虑 身体的感受是紧张	不停地揣摩别人的想法

一个因为无法管理焦虑情绪而越来越孤独的男士			
	想法	感受	行为
1	我从小就很胆小，害怕在别人面前讲话	心理感受是恐惧	躲避、逃离
		身体的感受是浑身发软、心跳加快	
2	同学和老师都看不起我，嘲笑我	心理感受是恐惧	不敢抬头、目光不敢接触老师和同学
		身体的感受是面部发红、身体发软、心跳加快、身体蜷缩	

一个因为无法管理焦虑情绪而不断拖延的公司职员			
	想法	感受	行为
1	没有能力写一份完美的教案，担心自己写的教案，领导会不满意	心理感受是焦虑	拖延、玩手机
		身体的感受是躯体紧张、胸口发闷、额头沉重	
2	先玩一会儿手机，等会儿再写教案	心理感受是愉悦	玩手机
		身体的感受是轻盈	
3	明天就要交教案了，如果不交，领导会批评我	心理感受是焦虑、紧张、恐惧	熬夜写教案
		身体的感受是躯体紧张、心跳加快、额头沉重	

怎么样？大家做过练习以后有什么感受，有没有觉得这个情绪分解技术有点难，觉得有点挫败感？

有这个想法和感受是很正常的，在学习一个新的技术时，我们都或多或少地会经历这个过程。记住了，任何一个技术都是需要花时间去练习的。有疑问，拿不准，都是再正常不过的。

同时，如果你有挫败感，那一定是你给自己定的标准有点严苛，让我给你介绍一下正确的评价标准。

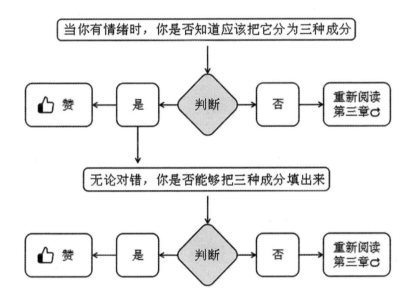

你有作业

各位同学，当你看到这句话的时候，我知道你已经集齐了两个"赞"，恭喜你！接下来你获得了做作业的资格。哎呀！这可不是人人都有的殊荣，快得意一下吧。

是的！你没有看错，你有作业，这一周你都要做作业。

情绪驯养手册

亲爱的宝贝，我知道你正准备沿袭旧有的习惯，准备一鼓作气看完这本书。抱歉我要打断你，我想你已经注意到了，这本书的名称里有"驯养手册"这几个字，这四个字的意思就是，这不是一本仅仅用来阅读的书籍，它还是一本指导你如何操作的书籍，既然涉及操作，那就必须有练习环节。

练习很重要！练习很重要！练习很重要！重要的事情说三遍。

智者的提醒——作业和练习是必需的

亲爱的，你一定要知道一个事实，知道和做到之间是有差距的，从难易程度上来讲，认知层面的变化相对容易，这只是一种知识层面的更新，只要你把这个章节看完，认知层面的改变就完成了。但是对于运用书中的技术，你还有很大的提升空间。这个空间的填补就要依靠练习来完成。各位宝贝，我知道你刚刚开始这本书的旅程，正是动力最强、兴致勃勃的时候，你更想做的是一鼓作气把这本书看完，如果你一定要用这种方式读完这本书也未尝不可。

但是你必须知道，你在按照自己的节奏读这本书的同时，一定要按照书中的要求做作业：每章都要安排出一周的时间练习，把作业完成。

做作业不仅仅是一个练习的过程，更是累积素材的过程。本书相关技能的学习安排是阶梯式的，每一个章节都是下一个章节的基础，所以并不推荐大家越级挑战。

086

作业准备

1. 准备合适的记录工具

它可以是手机的备忘录，也可以是一个精美的笔记本，还可以是可爱的便利贴。大家一定不要忽视这个环节，这个记录工具会陪伴我们走完整个旅程。

它必须具备以下特点：

① 便携。因为我们需要随时记录，所以便捷是必需的。

② 讨喜。是的，很多人对于做作业本身是有抵触情绪的，认为做作业是件枯燥的事情（相信我，坚持一段时间后，大部分人都会爱上做作业）。那就只能在记录工具上做文章了，记录工具讨喜一点会让做作业本身也变得有趣。

③ 抗磨损。如果你选择使用纸质的记录工具，一定要选择一个抗磨损的小本子。我们记录下来的作业会被多次使用，所以我们会多次翻阅小本子，为了防止因为本子被磨损而丢失我们记录下来的珍贵作业，小本子必须抗磨损。

2. 每天至少保证记录一次情绪分解图

当你在日常生活中体验到自己有情绪了，就可以拿出你的记录工具开始记录。

有几点注意事项：

① 最初记录的时候，不要考虑你的记录是否正确，记就是了！本次作业的评价标准就是，是否有记录。

② 只要有目标情绪出现，就尽可能地把它记录下来，如果还想记录其他的情绪也是可以的。

③ 有情绪就要立刻记录，千万不要想着回头找个合适的时间统一记录。相信我，一旦搁置下来，你就会发现一直没有合适的时间。做作业不需要选择黄道吉日，有就记！

作业用表

下面为大家提供作业表格的范本。万用公式一栏是供给大家参考的模板，大家只要根据实际情况填上相关内容就可以了，这样就会降低大家做作业的难度，防止因为无从下手而逃避做作业。怎么样，退路都给你堵上了，乖乖做作业吧。

焦虑和恐惧用表			
	想法	感受	行为
万用公式	我担心有（　　）危险	心理：焦虑 生理：脸红、心跳加速、手心出汗、呼吸急促	我做了什么 我没做什么 我想做什么
1	我担心有被人嘲笑的危险	心理：焦虑 生理：脸红、心跳加速	我找借口溜了
2			
3			
4			
……			

悲伤和抑郁用表			
	想法	感受	行为
万用公式	我失去了珍贵的（　　）	心理：悲伤、抑郁 生理：喉咙发紧、喘不过来气、胃缩成一团	我做了什么 我没做什么 我想做什么
1	我失去了珍贵的爱情	心理：悲伤 生理：喉咙发紧、胃缩成一团	我会哭泣 我会找朋友诉说
2			
3			
4			
……			

愤怒用表			
	想法	感受	行为
万用公式	我的（　　）利益被损害 我的（　　）目标被阻碍	心理：愤怒 生理：脸红、心跳、呼吸粗重	我做了什么 我没做什么 我想做什么
1	我的自尊被伤害	心理：愤怒 生理：脸红、心跳、呼吸粗重	我叉腰怒瞪对方 我想揍他 我停止微笑
2			
3			
4			
……			

评价一下我们的学习成果，是否已经完成以下学习内容，可在下面的 □ 里打 ☑ 或 ☒

1. 知道分而治之对于情绪管理的重要性　　　　□
2. 了解情绪的组成部分，掌握情绪分解技术　　□
3. 深刻认识到每日练习的重要性　　　　　　　□

太棒了，你已经完成了本章的学习任务！恭喜你获得了"情绪分解师"称号！继续加油吧！

治疗师：_____　　　　　　　日期：_____

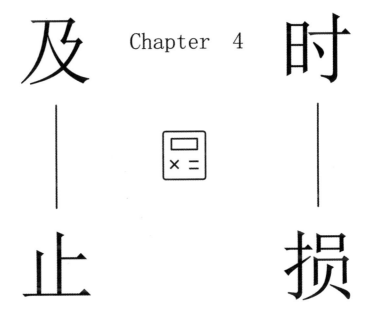

及时止损

Chapter 4

做一个情绪精算师

各位宝贝，老规矩，让我们先盘点一下手头的存货，进行到这个阶段你应该已经做好了以下准备：

第一，你的进展记录图至少应该有两个标记了。当然如果你想提高检测的频率，比如一天测一次或者三天测一次，也是可以的，那样你的进展记录图上面会有更多的标记。

第二，你有至少六个情绪分解图。你也许会说："老师，一周过去了，不应该有七个吗？"哈哈，你的数学很好，但是我不仅数学好，还了解人性，谁还没有想偷个懒放松一下的时候呀，我这是在心里默许你们有一天不写作业了。怎么样，看到我这样说有啥感觉呢？是不是松了一口气，终于放下了对自己的批评。宝贝，要学会按照常人的标准要求自己。我们可以追求卓越，也要允许自己在追求卓越的过程中，作为一个常人时不时地想要"躺平"，想要不写作业。

第三，你已经掌握了一个情绪管理技能——情绪分解技术。

好了，如果你已经做好了以上准备，那么我们就可以继续了，如果你还没有积累够，我建议你再拿出一天的时间努力努力，想象一下你管理好情绪的美好画面，想象一下自己不再被情绪控制之后将会产生的变化。

亲爱的，这个世界上的美好事物都需要通过努力去得到，这句话虽然普通，却很实用。

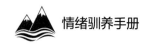

接下来我想请各位看一下你们的情绪分解图，现在你手头已经有了至少六个作业，不知道你在这六个作业里面看到了哪些东西，发现了什么规律。

使用这本手册学习的人，在完成一定数量的作业以后，都会发现这样一个事实：在没记录之前，我们觉得让我们有情绪的事情特别多，等到记录一段时间后才发现，其实让我们有情绪的事情只有那么几种。大家发现这个规律以后都很开心，瞬间觉得管理情绪变得容易了很多。

你有类似的感触吗？你还有其他感触吗？如果有，不妨填写在下面的空白处。

_____

_____

_____

_____

_____

_____

_____

好了，准备工作都做完了，现在让我们开始新的旅程吧！

通过第三章的学习，我们已经知道情绪作为一种心理活动，其实并不是最小单位，它还可以被分解成三种成分，分别是想法、感受和行为，这三种成分的产生方式各不相同，对每个人的影响也不相同。如果我们选择同时应对这三种成分，肯定会手忙脚乱、输多胜少，那我们不妨学聪明，逐个击破！既然战略、战术已经定下来了，接下来就是具体的实施步骤。

我们该怎么选，先选谁呢？如果从最容易理解的成分入手，我会选择想法；如果从最容易见效的成分入手，我会选择感受；如果从最容易操作的成分入手，我会选择行为。这样说起来，好像从哪种成分开始都可以。如果让我选的话，我会先从感受开始，为什么呢？

智者的提醒——实现目标的心路历程

这要从人类的普遍心理状态说起。请大家回忆一下，我们每次下定决心想要改变的时候，一般都会发生什么。让我来猜一下。

初始阶段就是蜜月期。我们在这个阶段的总体状态是意气风发、一往无前的，被各种美好的感觉包围着。我们相信自己的目标就在眼前，美好的前景触手可及。我们已经充分地认识到了所有的困难，一定能够突破所有障碍，一天一个新变化地前行。我们会迫不及待地每天检查自己是不是有了全新的变化，不断地计算着完成整个目标需要的时间。总之，失败根本就不在我们的计划内。

就像决定减肥的宝贝们，当我们下决心的时候，会在心里默默地计算，一天减一斤，十天减十斤，只需要三十天就能变成大美女。一有机会你就往秤上站，就想看到指针一寸一寸地往下移。

非常不幸的是，这个阶段的持续时间之短令人瞠目结舌，有的时候

甚至只有几个小时。很快，当那些所谓的困难从认知层面一跃进入感受层面时，很多人就会发现自己何止是低估了困难的程度，简直是不在一个层次上。当你所有的这些预估都仅仅发生在认知层面时，即所有的困难你都预料到了，这些困难也仅仅是一些文字和数字，你其实并没有充分预估与之相连的感受，根本就不知道当你处在困难中的时候有多难受。于是很多人放弃了既定的目标，几乎连挣扎的时间都没有。

减肥的人肯定深有体会，当你决定减肥的时候，在心里面是怎样评估将要遇到的困难的呢？你觉得不就是饿上两顿吗，这都不是事儿，挺挺就过去了。当饥饿来临的时候才发现，这种感觉让你如此难受，根本就坚持不下来。

看出来了吗？这个阶段能够坚持下来的秘诀就是在树立目标的时候不要仅仅描述困难，而是要把和困难相关的感受考虑进去。你不要急着定目标，应该先体验一下。比如先设定一个时间段试着忍受一下饥饿，忍受两个小时的饥饿，看看自己的反应，评估一下困难的程度，在这个基础上设立自己的目标。

中间阶段就是丧气期。在坚持了几天以后，你开始被现实抽打，这时候已经有一部分人坚持不住退出了，还有一部分人咬着牙关又坚持了几天，而当预期的好结果、新变化并没有"如约而至"，他们就彻底地放弃了。

越过这个阶段的关键是要有奖励机制，以此对抗你坚持过程中的痛苦感受。这个奖励机制的奖励标准最好和目标相互匹配，最好能够有清晰的数据，展示你的进步历程。当你在忍受痛苦的时候，你需要看到自己的进步，需要直观地知道自己为什么忍受这些痛苦，需要知道忍受痛苦带来的收获。在你忍饥挨饿的时候，一点一点下降的体重告诉你，你的坚持是值得的。

减肥中的大部分人都靠着每天下降的体重苦苦支撑，一直到四五天以后，体重开始不动了，甚至还往上涨，这对于很多人来说都是不能忍受的：受了那么多苦，看不到效果，那还挨饿干什么？于是又一批人被淘汰。

最后的阶段是稳定期。能坚持到这个阶段的同仁们，基本都能坚持到最后。随着你坚持的时间越长，你看到进步的可能性也越大，即使中间有反复和起伏，你仍然有机会看到体重在逐渐趋近你的目标，随着收到的正向反馈越来越多，这个改变的过程就会越来越有趣。

完成这个阶段的秘诀就是善于利用正向经验，形成良性支持系统。记住当你每一次想要放弃的时候都是怎么坚持下来的，这些都是正向经验。当你再次想要放弃的时候，想想之前的经验，学会主动利用这些经验并坚持下去。很多时候你不是缺乏成功的经验，只是在你想要放弃的时候忘记了向正向经验求助，所以，有意识地求助自己是完成这个阶段的关键。

及时的奖赏是达成目标的必要条件！

为了响应人性的召唤，我选择让这段旅程从感受开始。在情绪的三种成分里面，感受是决定我们顺利度过丧气期的关键因素。想要终止行为在现实层面产生的各种不良结果，就要想办法降低感受激发行为的驱动力，快捷有效地阻止各种破坏性行为付诸行动，达到及时止损的效果。这种及时止损的状态作为正向反馈可以防止我们在完成目标的百分之八十后倒在丧气期。这也是爱普情绪指导方案不同于其他方案的一个突出优势。在初始阶段，我们重点学习简单易学、见效迅速的急救包技术，这样各位就不需要再长时间忍受负面感受的折磨，抱着不确定的心态忧郁前行。

情绪的三种成分之间的关系——情绪追踪技术

　　通过上一章的学习，大家已经知道了情绪是由三种成分组成的。这一章我们在情绪分解技术的基础上升级，将情绪分解技术进化为情绪追踪技术。情绪成分的产生是有先后顺序的，但是由于产生时间太短暂，以至于我们在感受情绪的时候觉得情绪是一个整体。情绪追踪技术可以教会我们通过慢速回放将情绪的产生过程拉长。当我们看到情绪成分的产生时间序列时，猜猜你会发现什么。这个问题先放在这里，等我把相关的技术介绍完成，我们再来讨论各自的答案。接下来我会使用流程图向大家呈现这个过程。

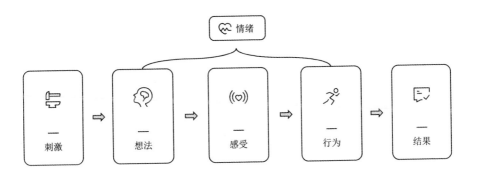

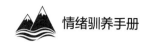

看到了吗？想法、感受和行为之间是有箭头的，这两个箭头标出了三种成分的产生顺序。首先你需要被刺激。现实中有很多的刺激因素，大部分会被你忽略，少部分会引起你的注意。你会对其中一个刺激因素产生一个想法，如果这个想法成功地激发出你的感受，那么最终这个感受就有可能会促使你做出某些行为，当这些行为和现实的某些对象互相作用以后，就会产生结果。怎么样？你是不是觉得情绪链中的这些成分看起来就像排列好的多米诺骨牌。嗯，没错！很像！

从情绪链中我们可以看出，这三种成分并非都会对我们的生活质量和工作效率产生影响，想法这种成分由于仅仅产生在心理层面，所以并不能直接对我们的生活和工作产生影响。我们不必过于纠结自己的想法，只要这些想法没有激发出行为，基本上就是私密的。

智者的提醒——想法永远都是内心戏

生活中有一些人会觉得自己的有些想法很可怕，他们赋予自己的想法魔法般的能力。他们相信想法有表达自己的能力，只要有想法，别人就能知道。更有甚者，他们会相信自己的想法能够越过行为直接对现实世界产生影响。然而，作为普通人的我，不仅自己没有这种魔力，而且对这种魔力闻所未闻。

可能有些人会抬杠，你们学心理学的不是能通过微表情解读别人的想法吗？你说得对！有些人确实有这种能力。但是！相信我，有这种能力的人不会对你的想法感兴趣，他们都很忙。

如果你在现实生活中花费了大量时间，想尽一切方法避免自己产生不好的想法，那么大可不必。从想法的产生到行为层面的实践，中间需要特别多的动力和能量，作为普通人，想要凡事想到就能做到，是不太现实的。想想看，如果我们想运动就能够运动，想看书就能够看书，想早睡就能够早睡，想控制情绪就能够控制情绪，那这将是多么完美的一个人呀。知、行、意的统一从来都没有我们想象得那么容易。所以无论你有多么可怕的想法，只要它没有通过行为层面有所表达，其实它都不会对我们产生真正的影响，完全没有必要对出现在自己脑子中的想法感到恐惧。

感受分为两个部分，第一个部分是心理感受，它蕴含着大量的能量，这种心理能量具有张力，长期积聚的话会让我们觉得不舒服，所以一旦心理感受出现，我们总是希望能够尽快地在行为层面将这种能量释放出去。如果这种能量没有得到及时的释放，我们会感到极度的不适，使我们心烦意乱，很难专注生活和工作，进而影响我们的生活质量和工作效率。感受的第二个部分是生理感受。它发生在身体层面，会对我们的身体健康产生影响，如果情绪持续的时间比较短，则影响不大；如果持续的时间比较长，就会有比较大的影响。感受和想法相似，它产生于个体，作用于个体，和现实之间并没有直接的联系。

说白了，无论感受多么强烈，只要我们没有将其通过行为呈现出来，它的影响范围就仅仅局限于个人，就只是你一个人的内心戏。

情绪管理的支点

说来说去，我们只要能够在行为出现之前阻断它，那么情绪管理就是成功的。观察情绪链，你可以发现，我们其实有很多机会可以阻断行为的产生。我们以一位辅导孩子功课的愤怒母亲为例。

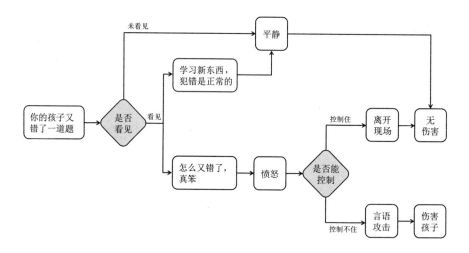

从上面这个流程图大家可以看出，在行为带来不良结果之前，我们一共有四次阻断机会：

第一次是阻断刺激；第二次是改变想法；第三次是调节感受；第四次是控制行为。

请大家记住这四个支点，每一个支点的撬动都会给大家带来特别的惊喜。

接下来本书会按照调节感受、阻断刺激、改变想法和控制行为的顺序带着大家学习相关技术。

彩虹轴技术

彩虹轴技术是专门用来调节感受的技术，这个技术很神奇，会让你有个特别惊喜的发现。

如图所示，情绪彩虹轴技术涉及两种成分，一种是情绪的感受成分，一种是行为成分，这里的感受成分按照心理感受的强烈程度分成十等份（分值）。前面我们已经多次提到了，感受成分是一种蕴含着能量的特殊成分。根据第二章的学习，我们已经了解到，情绪可以激发出大量的行为，有些行为对我们有毁损，而有些对我们有帮助。在本书中我们主要关注那些具有毁损作用的破坏性行为，因为这些破坏性行为常常会成为我们美好人生路上的拦路虎，也正是因为我们确实感受到了这些行为带来的破坏性结果，我们才会选择管理情绪。

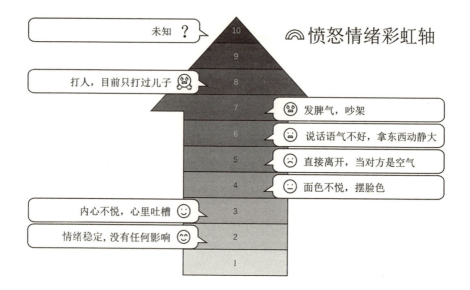

智者的提醒

接下来，我想要告诉大家的是感受与行为之间的关系。正如前面章节介绍的，感受的强烈程度不同，蕴含的能量也不同，心理感受的强烈程度越高，能量也就越高，蕴含的能量越高，推动产生行为的意愿就越强烈，控制起来就越困难。

当你的愤怒值只有三分的时候，出现的多半都是内隐性的行为，比如，在内心吐槽、鄙视对方等。这些行为在行为层面基本不会呈现出来，也就不会对现实产生影响。但是如果愤怒的激烈程度到达五分，那你一定会有一些行为层面的表现。就算不会直接攻击对方，也会出现一些微小的负面行为，比如摔东西、小声咒骂、翻白眼、撇嘴等。当愤怒值达到七分时，你针对刺激对象的攻击行为几乎是不可避免、一气呵成的，其造成的伤害有时候会不可估量。几乎每个人都会在愤怒情绪平复后感到后悔。

情绪彩虹轴的不同分区

接下来,我将根据情绪感受的强烈程度将情绪彩虹轴分成三个区域,然后分别讨论各个区域,通过对情绪更精细的划分,让大家看到不同区域对情绪管理的不同要求。我知道大家都对情绪进行过管理,有的时候成功,有的时候失败,对成功和失败的原因也做了分析。但是大多数人可能并没有发现,在不同的感受区域,与之对应的情绪驱动行为是不一样的。情绪管理成功的关键,是对情绪的感受部分进行调节,而不是强行消耗心理能量对情绪驱动行为进行压制。

下面以一位想要管理焦虑情绪的母亲为例来介绍情绪彩虹轴技术。

我是一个焦虑的母亲,我很担心女儿的学习问题。我觉得如果她不好好学习,就会被同龄人比下去,那么她就上不了好中学、好大学,最后找不到好工作,导致生活困苦,一想到这些我就特别焦虑。我从她很小的时候就操心她的学习,为此也投入了大量的时间和金钱。可是怕什么来什么,我觉得我的女儿学习习惯极差,她学习不认真,爱玩手机,早上叫不醒,晚上回来不及时做作业,这些不良的学习行为,我只要看见就觉得很烦躁。我不断地唠叨,直到她被我唠叨得非常生气,摔门把自己锁在房间里。看到她完全不理会我的规劝,我会更加焦虑,一定要敲开她的房门,继续数落她。我知道我这样做没什么用处,还让她特别烦我,可我就是控制不住。我希望自己能够改变唠唠叨叨的行为,什么事情都只说一遍,或者能真正地和她交流,听取她的想法和意见,协商解决目前的问题,拿出一个她认可的学习计划。而不是像现在这样,说多少遍都没有效果,还导致两个人都很生气。

如果我们把这个母亲的情绪彩虹轴以图表的形式呈现出来，就是这个样子：

感受分值	行为
10 9 8	从焦虑变成了恐惧，感觉孩子的悲惨人生就在眼前，恐惧蕴含的巨大的心理能量让我觉得必须让孩子马上就有实质性改变，为了达成这个目标，我不惜借助愤怒激发自己的攻击行为，对孩子进行打骂
7	彻底放弃教育目标，倾泻自己的焦虑情绪，和孩子已经发生冲突，但是完全停不下来，习惯性地不断地重复相同的话语，也无法停止伤害孩子的行为
6	担心孩子不重视学习习惯的养成，会提高声调，自说自话。但是看到孩子不耐烦的表情也会反思，认识到自己又开始唠叨了。明知这样会适得其反，但依然难以停止，需要发泄一段时间才能调整
5	很想不断地诉说学习很重要，以引起她的重视，让她抓紧做作业，但还是能够控制自己，通常说过一遍就会在心里面强行叫停
4	虽然很想让孩子一回到家里就立刻做作业，但也能够理解孩子想要玩耍的心情。心平气和地和孩子约定好玩耍和做作业的时间
3	能够用平和的语气提醒孩子完成学习任务
2	
1	

通过彩虹轴的呈现，大家一定已经发现，不同的情绪感受对应着不同的行为，并不是所有的行为都是有问题且需要调整的，很多行为是适应性的，是具有建设性意义的。从这个表中我们可以看出，这位妈妈在焦虑感受分值5分以下时的情绪驱动行为都是具有教育功能的，能够适

当地提醒孩子保持好的学习习惯，这些行为是没有问题的。真正具有伤害性的行为出现在 6 分以上的区域，当这位母亲的焦虑感受分值突破 6 分以后，她的行为不仅没有了教育意义，还对孩子产生了伤害，而我们想要管理的也恰恰是这个分值区域的情绪。

智者的提醒——区分敌友

即使是同一种情绪，也会因为感受分值的不同而有不同的功能，真正需要我们管理的只是彩虹轴上具有破坏性的那段区域，这样一说大家是不是都有一种感觉，我们对目标的设定越来越精细了。是的！这也是本书想要向你传达的重要态度，在纷繁复杂的信息环境里准确地找到你的目标是非常重要的，这样可以使你更了解你的"对手"，也可以让你的管理方法更有针对性。任何一种方法都有其特定的使用范围，不要想用一种方法解决所有的问题。重要的是要为你的方法设定一个使用范围，这样才不会因为用错了方法而使自己不断体验挫败的感觉。就像你选择用筷子喝汤，是筷子有问题吗？显然不是，你只是没有注意问题的场景，选择了错误的工具。

为了让大家有更清晰的认识，接下来我要把情绪根据不同的感受分值分成三个区域。在不同的区域中，情绪的表现形式不同，需要使用的管理方法也不同。

情绪的三个分区

任何一种情绪，当它的感受分值在 1 到 3 分（包括 3 分）时属于一个区域，我叫它全能区。这个情绪感受区域属于我们能够把控的区域，当感受处在这个区域中的时候，我们是情绪的主人。即这时我们处在某种情绪中，这种情绪让我们感觉有些不舒适，但在我们可以忍受的范围内，我们完全可以根据当下的实际情况做出合适的反应。所以情绪在这个区域中是我们的朋友，通过对情绪的驾驭，我们能够很好地把情绪作为资源使用。感受分值在这个区域中的情绪并不需要管理，如果有人在这个区域内情绪失控，那一定是有意为之。

4 到 7 分（包括 7 分）是一个区域，这个区域我叫它半能区。这个区域非常复杂，有让我们无能为力的点，也有我们大有可为的点。在这个区域，如果你拥有必要的技巧，就可以很好地管理目标情绪。情绪的感受成分进入这个区域，说明其背后所蕴含的能量已经很大了，所能引起的不适感也更加强烈，如果不能顺利地激发出相应的行为，我们会感觉特别不舒服，甚至可以说备受折磨。所以一旦情绪感受进入这个区域，行为的出现是必然的。

虽然在这个区域，行为的出现是必然的，但是呈现什么样的行为却是我们可以选择的，这个选择的过程为我们有所做为创造了空间。在这里我们会进行成本核算，根据核算的结果做出不同的选择。这个成本核算的过程，主要涉及对情绪驱动行为结果的评估。如果情绪驱动行为造成的结果特别恶劣，那么我们就会想办法弱化情绪驱动行为引起的不良后果，比如我们会对产生的情绪驱动行为进行修饰，使得这些行为造成的结果看起来不那么可怕。例如，当愤怒情绪进入这个区域以后，我们会明显地感觉到自己的愤怒，想要攻击让我们愤怒的对象。但是如果我们核算成本后觉得这个攻击行为会造成特别严重的结果，比如可能会让大家觉得你像个泼妇而远离你，可能会被攻击对象反击而更加受伤，那么我们就会把自己的攻击行为修饰一下，用开玩笑的方式说一些具有攻击性的话，这样就更符合大众层面的社交礼仪。这里面开玩笑的方式就是一种修饰，它让你的攻击行为显得不那么直接和难以接受。

当然，在这个区域也可能出现赤裸裸的攻击行为，出现这种情况的原因大多是攻击成本比较低。比如，上级对下属，父母对孩子等。在这种情景下，攻击行为常常会显得肆无忌惮。从这个论述中，大家是不是就能得知我为什么叫这个区域为半能区，主要的原因是当情绪感受进入这个区域时，情绪驱动行为的出现是处于两可状态的。人们会下意识地核算成本，然后决定让破坏性行为以什么样的形式出现。所以不能说你对破坏性行为完全无能为力，其实你是有选择的。

8 到 10 分是一个区域，这个区域我叫它无能区，感受进入这个区域的个体就是一个赤裸裸的"情绪人"，所有的行为都会受到情绪的驱使，遵循着本能。焦虑激发出备战行为，悲伤和抑郁激发出休眠行为，愤怒激发出攻击行为。总之，一旦进入这个区域，我们体会到的都是对情绪的无能为力，无论谁进入这个区域，都将成为情绪的奴隶，无一例外。

智者的提醒——面对同等程度的感受我们的反应是一样的

很多人在进入这个区域后都会对自己有诸多的批评。批评的内容大同小异，无非是觉得自己的自制力差，意志品质低下，对于自己在这个区域的失控行为充满了愧疚感。这真的是一个天大的误会。问题根本就不是出在各位的自制力和意志品质上面，任何一个正常的人进入这个区域都无法控制感受成分里面蕴含的暴虐能量。

在情绪控制这个领域里面，有差别的不是我们的自制力和意志品质，而是我们的感受。我们之所以会批评自己的能力，对无法控制自己的行为深感愧疚，是因为我们能够观察到，在相同的事情上，不同人的行为反应是不一样的。对于同样的事情，有些人云淡风轻、悠然从容，有些人焦虑急躁、愤愤不平。对于这样的差异我们常常会归因于大家对自己行为的约束能力不同，其实并非如此，重点在于大家对于相同事件的感受不同。相同事件下，之所以有些人能够表现得云淡风轻，是因为他并没有感受到特别强烈的情绪，如果真的陷入很强烈的情绪里，那么大家的行为表现都是一样的。

怎么样，看到以上内容是不是松了一口气，你又可以放下一个批评自己的理由了。这样一路走下去，你能不能管好情绪我不知道，但对于自我的评价肯定能好很多。

认识了情绪的三个分区以后，我们就要根据这三个分区来安排我们的学习计划。首先我要向大家介绍急救包技术，这个技术的使用范围在半能区。后面的章节我们还要学习一些技术，这些技术的使用范围会更广，可以拓展到无能区。

情绪急救包技术

通过观察前面这位母亲的彩虹轴，大家有什么发现吗？

是的，我相信大家都注意到了，我们希望发生的好行为在 4 和 5 分的时候是可以出现的，我们不希望发生的坏行为是在 6 分开始出现的，好行为和坏行为真真切切地只有一线之隔。怎么样，是不是很惊讶，自己渴望已久的改变竟然如此容易实现，你是不是还会怀疑，如果真有这么简单，为什么我之前做不到呢？那是因为你之前对情绪和行为之间的关系不够了解，一直都把不能很好地控制自己的行为归结于自控力差，归结于你自身的弱点。你觉得只要自己足够优秀或者足够强大，就能控制好自己的行为。这样想的结果就是，羞愧和自卑将伴随你情绪管理的全过程。在这样的恶劣情绪中坚持情绪管理无异于自虐，放弃几乎是必然的结果。

让我们换个更现实的思路吧。就像彩虹轴所展示的，不同的感受强烈程度与行为之间存在一一对应的关系，如果我们想要改变自己的行为，最经济有效的方式是先对感受进行干预，把它调节到目标行为能够出现

的强烈程度，这样你期待的好行为就有机会出现。怎么样？这个任务相对来说简单多了吧。就像案例中那个爱唠叨的母亲，她的唠叨的行为出现在焦虑程度为 5 分的时候，只要降到 4 分，这个行为就变得可控。

下面请将你在第二章选定的目标情绪和与这个情绪相关的、你想要改变的行为罗列出来，填入下面的表格里。

感受分值	行为
10	
9	
8	
7	
6	
5	
4	
3	
2	
1	

大家自己的彩虹轴是不是已经做出来了？结果是不是让你觉得特别惊喜？有没有人在填表的时候会有些纠结，到底是填在 4 分的位置好呢，还是填在 5 分的位置好？诸如此类的疑问应该还有很多。在这里我想告诉大家，按照你自己的感受来，有一个大概的分区就可以，不用在分数

上过于追求精确。

好了！看到任务变得如此简单，你是不是已经摩拳擦掌、跃跃欲试，迫不及待地想要催促我赶紧告诉你调节分值的方法？先不要着急，别告诉我你对自己的情绪束手无策，你已经和它较量多年，即便输多赢少，你也是有方法的，有些方法其实还很棒。不要一上来就急于学习新的方法，学习任何一种新方法都需要时间，需要做一定的练习，这也就意味着我们需要等待一段时间才能使用新的技能，可是情绪管理对我们来说是刻不容缓的。我知道通过前面的学习，你已经越来越多地看到了情绪对你的损伤，你急于把被情绪消弭的那部分自己找回来，让自己生命中众多的可能性成为现实，所以你一定一刻也不想等。

好的！让我来满足你的这个愿望。我有办法解决这个出现在情绪管理中的，由于"供需"不平衡引起的空窗期。在这个时期，盘点旧有的技能是最佳的解决方案。首先旧有的技能是你已经掌握的技能，其熟练程度几乎达到自动化的程度，对于你来说，这种技能在使用的时候能耗是最小的，所以成本最低，可以说物美价廉。

可是——它不管用！

是的，是的。

我知道这是你特别想告诉我的观点，你已经郑重地根据使用情况评价过你手头的技能了，结论就是不管用。

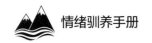

智者的提醒

咳咳！敲黑板。我又准备告诉你真相了。想想吧，让我们一起回忆一下你的评价过程。之前你觉得自己的方法不好，可能的原因有两个：第一，你为自己定的目标太难实现了。你曾经希望通过某种技能使情绪分值跨越三分以上，这是个非常艰巨的任务，失败几乎是必然的；第二，每一种方法都有其适用范围，你可能错误地把在半能区有效的方法用到了无能区。有些方法可能在情绪4、5分的时候有效，但是当情绪达到7、8分的时候就很难见效了。比如，当你的愤怒分值在5分左右的时候，你可以通过深呼吸将愤怒分值降到3分，但是如果你的愤怒分值达到7分，深呼吸就显得非常无力了。你不能因为深呼吸在这个区域无效就彻底地放弃它。我们不仅需要知道我们的资源库里有哪些"武器"，同时还要知道它们的使用范围。此刻，你是不是想起了你曾经丢弃的一些"武器"，它们被你扔在角落里，落满了灰尘，是时候把它们拿出来擦拭一番了。

盘点资源库

今天我们要做一件特别重要的事情，盘点我们的资源库。

先把我们已有的方法全部找出来，不要急着评估这些方法的效果，把它们先排列出来。这里我为大家准备了一个表格，里面列出了一些常用的方法。你可以根据自己的实际情况勾选方法，同时表格中预留了一些空白的部分，你可以把列表里面没有的"武器"填进去。然后我们开始从三个方面评估这些"武器"。首先，看看我们已有的方法在哪些情绪区域内是有效的，即适用范围；其次，你需要评估一下这个"武器"的效果，如果这个"武器"可以帮你把情绪下降1分，你就在效果栏填10分，这是通过情绪下降分乘以10得出的，以此类推。最后，你需要评估一下使用这个"武器"的难易程度，根据你自己在使用过程中的感受，从1到10分进行评估，"1"代表非常容易，"10"代表非常困难。用效果分值减去难易程度分值，你就会获得一个综合评估分，把它填到最后一列表格里。

武器		适用范围	效果	难易程度	综合评估
运动类	散步、跑步、健身、骑行、打球				
休闲类	看视频、浏览网站、听音乐、看笑话书				
消费类	逛街、逛淘宝、买基金				
人际互动类	和朋友煲电话粥、发朋友圈、找朋友陪伴				
宣泄类	独自大喊大叫、清理不值钱的东西、写日记、做家务				
隔离类	离开触发情绪的环境、睡觉、一个人独处				
抚慰类	吃好吃的东西、撸猫撸狗、把头埋在毛绒玩具里				
其他					

怎么样，通过这一场盘点，你对自己的"武器库"是不是有了一个直观的了解。请按照评估出来的三个数据给这些"武器"做一个综合的评定，然后将排名前五的"武器"拿出来，我们要将这五种"武器"放入我们的急救包。这个急救包虽然不能从根本上解决情绪管理问题，但是能在紧急的时候用来及时"止血""消毒"，这就是情绪急救包技术。虽然平复情绪是情绪管理的终极目标，但是有一个可以及时止损、为后续治疗提供更多帮助的急救包也是很重要的。其中，干预情绪的方法都是你常用的，这很重要。当我们陷在情绪里的时候，使用自己常用的方法几乎是一种本能，它是你最顺手的"武器"。下面是我为大家做的一个急救包范本，我会经常拿出来看看，在情绪失控之前，我会提醒自己用这些技能对情绪进行适时的干预。

序号	武器	综合评分
1	浏览网页	7
2	散步	6
3	和朋友吐槽	6
4	画画	5
5	看手机中的照片	4

情绪吉祥物技术

现在急救包有了，我们还需要一个情绪吉祥物。急救包和吉祥物都是用于帮助我们减少不良情绪的工具，它们能帮我们拿回对行为的掌控权，避免让我们在现实层面受到不可逆的实质性伤害。这两个技术的适用范围都在半能区。

情绪急救包和情绪吉祥物又有一些区别。对于我们来说，情绪急救包的最大特点是使用的熟练度极高，使用起来最省力。它的主要作用是降低情绪的剧烈程度，但是并不能改变情绪的性质。如果原来的情绪是愤怒，那么使用急救包技术之后依然是愤怒，区别是使用之前情绪分值如果是 5 分的话，使用过后可以降至 4 分。而情绪吉祥物是一种利用正性情绪取代目标情绪，把你从目标情绪的泥潭里拽出来的方法。很多人可能都以为让情绪从有到无更容易，事实却是让情绪从一种情绪调整到另一种情绪更容易，理由说起来很复杂，我举个例子你就会明白。

设想一下，你在一幅画布前作画，不小心把画布错涂成了蓝色，你觉得把画布还原成白色更容易，还是用黑色遮住原来的蓝色更容易呢？

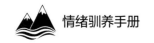
答案显而易见。情绪也是一样的，用一种情绪取代另一种情绪，操作起来会更容易。请注意！用替代情绪取代目标情绪只是暂时地把你从负面情绪中拉出来，但是现实中触发你情绪的刺激还在，只要你再次面对，目标情绪还是会出现。不过这个短暂的缓解为我们制造了一个喘息的机会，让我们可以暂时摆脱负面情绪对我们行为的控制，避免我们做出对生命质量有损耗的事情，让我们有机会用更有效的行为替代那些毁损我们生活的不良行为。至于如何才能永久地摆脱目标情绪的控制，我会在后面的章节进一步介绍，不要着急，慢慢来。

我先为大家介绍一下我的情绪吉祥物。我的很多朋友都注意到过，我的包包上通常都挂着一个毛绒挂件，出镜率最高的是一个灰色的小兔子挂件，那是我朋友在我过生日的时候送我的礼物。当时她送给我的时候，我就特别喜欢，因为它特别柔软，毛特别顺滑，拿在手里的感觉让我非常愉悦。每当我想要管理的目标情绪出现的时候，我都会把它拿到手里，专注地抚摸它，感受那种柔软和顺滑，很快地，我的感受通道就会被愉悦的情绪占领，那些我想在当下避开的目标情绪会暂时被挤得不知所踪。这就是情绪吉祥物，它能够迅速地把愉悦的体验带入我们的感受通道。

想要知道哪些东西可以成为我们的情绪吉祥物，首先要知道我们自己的优势感官。人类是通过感官去感受这个世界的，这个世界上的所有事情都要通过感官通道进入我们的内心世界。每一种感官都有自己的敏感度，有的感官敏感度高，有的感官敏感度低。人与人之间也是有差异的，有些人的眼睛敏感度很高，视觉刺激总是被优先注意，信息的加工也最顺畅，引发的情绪也最强烈。

比如，我有一个朋友的情绪吉祥物是梵高的《向日葵》，每次看到它都会觉得愉悦，他能从这幅画里感受到蓬勃的生命力；还有一位朋友的情绪吉祥物是一张边牧的照片，那是他养的狗狗，他能从狗狗的眼睛里读到温柔的情感，这让他很愉悦。有人的耳朵敏感度很高，听觉刺激总是被优先加工，所激发的情绪也最强烈。我有一个朋友的情绪吉祥物是米津玄师的歌曲 lemon，只要听到这首歌，他就会感觉愉悦；还有一个朋友，特别喜欢大雨落下的声音，所以他的情绪吉祥物是录制下来的雨滴声。我喜欢的是鹅毛大雪簌簌落下的声音，让我感觉静谧而幸福，它不在我的手机里，而是在我的记忆里，我可以通过按动回忆按钮反复播放。我还有一个朋友的优势感觉是嗅觉，所以她的情绪吉祥物是桂花精油，每到金桂飘香的十月，她都是开开心心的；有人的优势感觉是味觉，哎呀，这我可得同情你了，除非你是吃不胖体质，不然你就要在好心情和管理体重之间做出选择。我也有这样的朋友，薄荷糖是她的吉祥物，每次看到她吃薄荷糖时一脸幸福的样子，我都觉得她是一只吃饱喝足，打着呼噜的大肥猫。

下面我们就通过特定的练习来寻找我们的优势感觉。

这个测试需要我们集中注意力想象特定的场景，还需要我们十分仔细地观察自己的感受。如果这个过程被无关的刺激打扰，测试起来就会费时费力，所以在开始探索之前，请先为自己找一个安静的不会被打扰的环境。接下来我们需要想象一个能够激发我们特定目标情绪的场景，比如你最近一次产生目标情绪的场景，或者是你时常想起的能够激发目标情绪的场景等。例如，我的一个朋友是弹钢琴的，她的导师脾气不好，每当她在还课的时候出现错误，她的导师都会大声地呵斥她，这让她很

悲伤。所以她在做这个练习的时候，就会想象她的导师的面部表情和语言，这个场景总能很快地把她的悲伤情绪激发出来。当你选择好要使用的场景以后，我们就可以开始了，请跟随下面的指令操作。

请坐在椅子上，但不要让你的身体瘫在椅子上，在整个探索的过程中，你需要集中注意力，这不是一个放松练习，所以建议你坐在椅子的三分之一处。坐好后，请把眼睛闭上，开始在头脑中复原当时的场景，一点一点地丰富它，同时监控自己的目标情绪，为情绪赋值。本书对情绪的评分，默认是 1 分表示没有情绪，10 分表示情绪到达峰值。当你的目标情绪到达 5 分的时候，停止想象，睁开眼睛，开始观察你面前的一个物体，什么物体都可以，使用你的视觉感官仔细地观察这个物体的颜色、形状、明暗、表面的细节。感受一下你的目标情绪在你开始观察这个物体时有什么样的变化。记住这种感觉，并且记录下来。

休息一下，开始我们的第二个练习。请坐在椅子的三分之一处，把眼睛闭上，开始在头脑中复原当时的场景，一点一点地丰富你头脑中的场景，同时监控自己的目标情绪，为情绪赋值。当你的目标情绪到达 5 分的时候停止，然后用你的听觉感官聆听周围的声音，观察目标情绪的变化，把这种变化记录下来。

以此类推，再将触觉、嗅觉、味觉等都练习一遍，比较一下哪一种感觉对你的情绪变化影响最大，这个感觉就是你的优势感觉。然后，在下面的空白处写下你的优势感觉。

我的优势感觉是＿＿＿＿＿＿＿＿＿＿＿＿＿＿＿＿＿＿＿。

接下来我们就可以选择一个和优势感觉相匹配的小物件作为情绪

吉祥物了。它最好便于携带，不太引人注意，而且你随时都可以拿出来使用，比如一段视频、一张照片、一个毛绒挂件、一瓶香水等。

现在我们有了一个情绪急救包，里面装着我们常用的"武器"，它不能根除我们的情绪，也并非在任何时候都管用，但是它用起来最顺手，我们只要在将要做出不良行为之前拿它出来应急，把情绪下调1至2分，确保我们不做出伤害人际关系、影响生活质量和工作效率的行为就可以。说白了就是，憋出"内伤"没关系，不要在实际层面造成伤害就行。

不要觉得委屈，我们还有一个情绪吉祥物，它是我们疗愈自己的"武器"，它和我们特定的愉悦体验捆绑在一起，只要有它在，我们就有机会用愉悦抚平伤痛。虽然引起我们目标情绪的刺激还在，但是它能让我们暂时脱离不良情绪，让我们暂时不受到目标情绪的伤害，让我们有机会重新积聚能量再战。

各位同仁，此刻你已经顺利地完成了本书前四章的内容，不知道你是否已经开始尝试使用本方案中的技术了。在这个过程中，一定有惊喜也有挫败，这几乎是必然会发生的。当你感到挫败的时候，我建议你拿出自己的情绪管理进展记录图，它会诚实地向你展现你的成果。可惜的是，图中的曲线现在还不是很长，但即使是这样，你也能从曲线的变化中看到，你的目标情绪出现的频率在下降。怎么样？看到这样的结果，是不是觉得自己的努力很值得，是不是对于完成目标充满信心？加油吧！每当你感到挫败的时候，就把情绪进展记录图拿出来提醒自己，困难是暂时的，不要被它所欺骗。

评价一下我们的学习成果，是否已经完成以下学习内容，可在下面的 □ 里打 ☑ 或 ☒

1. 了解情绪管理的四个支点，掌握情绪追踪技术　　　　□
2. 了解彩虹轴技术的作用及使用步骤　　　　　　　　　□
3. 了解情绪急救包技术的使用步骤　　　　　　　　　　□
4. 掌握情绪吉祥物的使用方法　　　　　　　　　　　　□

太棒了，你已经完成了本章的学习任务！恭喜你获得了"情绪精算师"称号！继续加油吧！

治疗师：_____　　　　　　　　　　　日期：_____

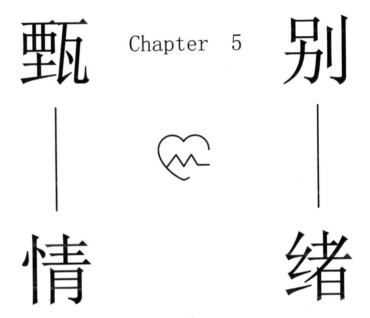

甄 别 情 绪

Chapter 5

做一个情绪鉴别师

各位同仁，经过一周的实践，我们又要开始学习新的技能了，你能看到这里，说明你的实践过程已然收获颇丰，祝贺你！

我们已经学习了关于如何调节感受的技术，在使用的过程中，你一定也发现了这些技术的优势和劣势，这些技术对于处在半能区的情绪作用很大。这一周你在现实层面的收获不小吧，你的很多破坏性行为一次又一次地得到了控制，你欣喜于重新掌控自己的生活，这些正性的感受和经历特别重要，有机会就可以拿出来回忆一下，防止自己遗忘。

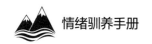

想法是情绪甄别的支点

接下来我们要开始学习更难操作、更精细的情绪管理技术——情绪甄别技术，所谓情绪甄别技术就是指通过特定的技术对情绪进行甄别，发现情绪中真假成分的比例。是的！是"真假成分的比例"而不是"真假"，"真假成分的比例"和"真假"这两个陈述有什么区别呢？

智者的提醒——情绪甄别的正确思维方式

"真假成分的比例"与"真假"，这两者之间的区别就在于"适当剥离"和"全然否定"。

各位同学，"经济原则"是人类大脑一个非常重要的运行原则。我们的大脑总是试图用最经济的方式，也就是最低的成本去加工我们接收到的信息，所以在很多时候，我们的大脑为了节约运行成本是会特意丢掉很多信息的，只把自己认为最重要或者最正确的信息纳入信息加工的过程中。

我们的大脑是通过什么方式筛选"最重要"和"最正确"的信息的

呢？依靠既有的思维习惯，并把它当作一个重要的判断标准。比如，假设你认为这个世界是危险的，这个想法一旦成为你认为"正确"的重要信息被纳入你的核心认知体系，它就会被当作真理来使用，接下来你的大脑就会指挥你更多地注意各种灾难性的信息，甚至在你遇到一些中性信息的时候，大脑也会把它加工成负性信息。

　　想象一个这样的场景：你的同事打了一个喷嚏，你周围的同事都能不被打扰，正常做事情，但是你不行，你会开始担心他是否感染了病毒。接下来你会感到非常恐慌，你担心自己已经被传染了，便开始仔细地留意自己的身体反应，你会很快地找到自己略感不适的一些身体信号，于是你更加肯定自己已经感冒了。这是因为你的真理认知体系里面有两个特别重要的信息，一个是"世界是危险的"，另一个是"我身体不好，容易被病毒打败"。你的同事之所以不关心这个小小的喷嚏，是因为他们的核心认知体系和你的不一样，他们认为"世界是安全的""我是健康的"。他们虽然能感知到这个小小的喷嚏，但是会自动屏蔽这个可能带来危险的信息，你和你的同事都被自己固有的思维引导着，分别得出了一个绝对的结论，百分之百生病或者百分之百不生病。

　　通过这个例子，你应该发现了我们的大脑在加工信息时存在的思维陷阱，这个思维陷阱的名字是"全或无"。这种思维方式极其省事，把其他的可能性都自动屏蔽，只留下两个选项。如下图所示，你的思维里面只有两个数字，0 和 100。

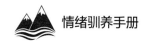
事实上，任何事件的发生概率都是数轴上的某个点，是数字序列里的一个数字，但是大脑并不想做如此复杂的评估，它会根据既有的认知把自己认为不可能和有可能的选项归为 0 和 100。例如，当你给自己的重要朋友打电话的时候，他没有接电话，你会有什么样的想法？如果你觉得他可能出车祸了，他正在经历危险（注意到了吗，这个想法也是基于"世界是危险的"这个认知产生的），你就会感到非常恐惧，就会开始疯狂地打电话。如果这个时候，有人跟你说他没有接电话有如下可能：

可能是他没有看到；

可能是他现在不方便接电话；

可能是他的手机没电了……

你会听吗？让我猜一下你在这种情况下的想法。

你会在心里想，这还用你说？我当然知道有这些可能性，但是可能性对于我来说有什么用呢？我要的是确定的事实，我觉得我的想法是唯一正确的。看到了吗？你不是不知道他不接电话有其他的可能，而是只选择了其中一个可能，把它作为唯一会发生的现实去响应，在这个想法下你的恐惧凭空产生，强烈的程度足以让你疯狂地不停地去打电话。这样一系列的反应最后会导致什么结果呢？影响了你自己的生活，让你无法专注于自己的工作，极致的恐惧最终会让你在安全信息到来之前化身为愤怒的魔鬼。这个时候你已经忘记了自己是因为关心对方的安全而不断打电话的，你会陷入指责的行为中，无视对方因为你的攻击备受伤害的事实。而这种行为对于对方的伤害也是显而易见的，他们会不胜其烦，会觉得你很疯狂，毫无理智可言，最终他们会远离你，不愿意被你打扰。

这样的生活是你想要的吗?

这种情况下,很难会有人回答"是"。

如果你的回答是否定的,那你就需要摆脱这种既定的思维陷阱,要记住这些基于本能产生的情绪,很多时候驱动出来的行为都很极端,产生的结果更是破坏性居多。要知道除了本能,你已经拥有了相当丰富的知识和生活阅历,是时候拿出你知识库里的宝贝去甄别一下基于本能产生的情绪了。

智者的提醒——甄别真伪的支点是想法

情绪从感受层面来说是没有真假之分的,只要你感受到情绪,那么情绪引起的生理和心理层面的感觉就是真实存在的。正是因为情绪的这个特点,我们一旦感受到情绪,就会毫不犹豫地相信这个情绪是真的,进而也会相信情绪传递的信息。更神奇的是,我们人类的大脑里还有一个情绪自洽系统,这个系统的运行规律就是用情绪的感受成分证明情绪的想法成分,有趣吧!在大脑的既定程序里,并没有对情绪提供的信息进行评估的环节,所以你会直接根据情绪提供给你的信息做出决策。虽然我们在观察别人的决策过程时会轻而易举发现谬误,但是轮到我们自己时,我们却会对自己的决策深信不疑。究其根本就是当事情发生在别人身上时,我们能看到现实层面的信息,因为我们无法体会到对方的感受,所以不会被情绪影响,最终的决策自然就不同。所以,当局者迷,迷在哪里?迷在情绪!并不是我们比别人更聪明、更理智,只是因为迷惑当局者的情绪,我们感受不到,所以我们能做出更好的选择。

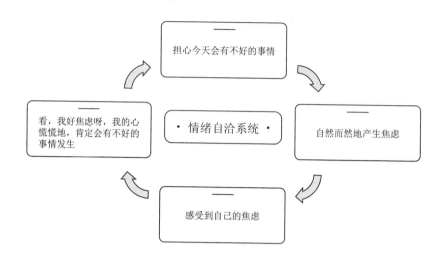

当你担心今天会有不好的事情发生时，你会自然而然地产生焦虑。当你感受到自己的焦虑以后，你会在心里面对自己说："看，我好焦虑呀，我的心慌慌地，肯定会有不好的事情发生"。这是一个多么完美的自洽系统，这个时候如果你有分享的欲望，你会对朋友说，我心里面慌慌地，感觉会有不好的事情发生。说这些的时候你根本就没有想过这个自洽系统就是从一个想法开始的。至于这个想法是不是真的，你根本就没有验证过，这个系统就这样被情绪的感受成分推动着旋转起来。

总结一下，情绪从感受成分来看没有真假。当你看到某些自然灾害的新闻，就算你没有身临其境，只要你感到恐惧，心跳就会加速，你就会坐立不安、无心工作。显而易见，从感受层面而言，这种恐惧情绪是你真实感受到的，但是从情绪产生的想法层面看，这种恐惧情绪是假的。你担心自己会受到自然灾害的威胁，而事实是你目前正处在安全的环境中，你的想法和现在的真实情景并不匹配，这个想法为假的概率几乎高达99%。而就是这微乎其微的1%，却在感受层面调动了我们百分之百的恐惧情绪,消耗了我们大量的心理能量,实实在在地影响我们的生命质量。

何其浪费!何其不值!坚决不能这样了!

我有一个新的决定:我要一点一点地把自己从虚假的感受漩涡里拉出来,立刻!马上!

情绪甄别,走起!

想不想知道,如果你学会了情绪甄别技术,你将甄别出情绪里有多少假成分?

90%!是的,你没有看错,90%的情绪都被我们"虚假"地夸大了。想想看,如果我们能够从想法层面甄别出这些虚假成分,我们的生活将会变成什么样?你会用富余出来的时间和精力做些什么?把你的畅想填在横线处。

_____

_____

_____

_____

_____

_____

_____

智者的提醒——转变想法才能扭转情绪

这里你需要知道一个真相。现实中的众多刺激之所以能够成为情绪的扳机，是因为我们选择注意这个刺激并对它进行了加工。我们是通过想法对这些刺激进行加工的。也就是说，客观存在的刺激想要激发出我们心理层面的情绪，必须通过想法这个媒介才能产生，这个条件是我们管理情绪的前提。

是的！在这里我要重点强调，不管你之前在管理情绪的过程中有多绝望，有多挫败，这个时候你都可以重新拾起希望。很多客观存在的刺激是无法避免的，这就是为什么情绪管理常常让你觉得无可奈何，情绪看起来是你自己的，它产生于你的大脑，你希望自己能够掌控它，也觉得自己应该可以掌控它。在以前的岁月里，你对情绪的管理多半发生在感受层面。是的！你一直都在跟心里面感受到的情绪较劲，当你觉得焦虑和恐惧时，你深呼吸；当你觉得愤怒时，你一遍一遍地劝自己"世界如此美好，我却如此暴躁，这样不好，不好"。哈哈！是不是觉得自己很傻，甚至觉得自己根本就是一个自欺欺人的阿Q。是的，妄图从感受层面扭转情绪体验的目标是难以达成的。真正能够扭转情绪的支点在于想法。现在你知道情绪甄别技术的发力点在哪里了吧，在"想法"这里！

来吧！我们举杯庆祝一下，你终于又有了一个支点，现在你可以撬动情绪，继而撬动你的生活！

情绪甄别——真假游码赋值技术

还记得之前提到的"全或无"的思维模式吗？因为在我们的大脑中，"全或无"的思维模式是默认模式，所以如果我们不主动设置的话，大脑就不会费神思考那些使我们有其他情绪体验的想法。请记住，不是我们的大脑做不到，而是它会优先选择最经济的"全或无"的思维模式。如果你主动要求它做出更精细的加工，它其实是可以做到的，在这里我们把这种精细加工模式叫作"赋值加工"模式。想要大脑放弃"全或无"的思维模式，转而进入"赋值加工"的思维模式，一共需要三步。

你需要一个暂停键和两个提示音。

1. 一个暂停键的操作技巧

暂停键技术是指在我们进入情绪循环之前，创造一次暂停机会的技术。这个机会非常重要，如果没有这个暂停的机会，一旦情绪顺利启动，进入感受层面，滚滚的洪流携带着巨大的心理能量，就连神仙也难以阻挡，更不用说我们普通人了。所以我们必须在刺激事件与想法产生连接

之前按动暂停键，这个暂停键的制作和使用就是暂停键技术。暂停键的制作需要用到之前我们做的情绪分离技术的作业。我们把这些作业整合在一起，把日常生活中能引起我们情绪的刺激事件整理成一个预警清单。这个预警清单做好以后，你每天都要看看，发现新的刺激事件后还要及时添加。

当我们熟记预警清单里面的刺激事件后，预警意识就会提高，一旦现实环境中出现相应的刺激事件，我们就会在头顶点亮一盏预警灯，这盏明亮的灯一旦亮起，你就会听到一个提示音，"注意！注意！目标情绪即将出现"。这就像你每天都在同一条路上奔跑，突然有一天，一个声音提醒你，前方即将进入危险路段，一旦进入就会有目标情绪出现，它会影响我们的生活品质。你停下来左右张望，发现其实除了常走的那条路，旁边还有一条路，虽然很荒芜、没走过，但是这条路通向哪里你是知道的，这条路的尽头，风景比原来那条路更美，我们更想看这条路的风景。

既然决定了，就出发，路不熟悉不要紧，我们可以导航，导航能帮助我们顺利走完整个路程。等我们走熟了，就能像之前一样，在新的道路上一路狂奔，畅通无阻。

下面，我们以"疯狂打电话"为例来讲解一下干预的过程。比如在之前的作业中多次出现同一个"刺激事件"——重要的朋友不接电话。

目标情绪：恐惧（强烈的焦虑）

所以，你会在预警清单里记录一个重要的刺激事件，打电话没人接。你每天都拿出预警清单看看，很快你就知道了，当你给某人打电话的时候，如果他不接电话，你就会感到恐惧……

某天，当你拿起电话开始给自己重要的朋友打电话时，随着电话铃声一声一声地响起，你的预警清单在你的脑海里徐徐展开，你清楚地意识到自己在这样的刺激下会感到恐惧，于是头顶的警示灯亮起，报警提示音开始循环播放："注意！注意！恐惧即将出现"。随着电话无人接听的事实确定下来，暂停键的运作让你在刺激和想法之间实现了暂停。

不错，你获得了一个机会，尝试走一条新路——游码赋值技术之路。

2. 两个提示音

①第一个提示音：这个想法为真的概率是多少，是100%吗？

注意！这个提问不是为了否定现存的想法。

这个技能可不是为了把大家分裂成两个自己去相互打架的：

一个自己说："你这个想法不对！"

另一个自己说："我这个想法是对的！"

哎呀！如果真的是这样，岂不是又进入"全或无"的信息加工模式，还把你的大脑变成擂台，两个自己在上面吵得你死我活。不！不！不！我可不想把你的生活变成这样。所以我们的提示音是"这个想法为真的概率是多少，是100%吗？"而不是"这个想法正确吗？"这两个提示音是有本质区别的。

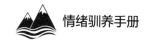

前一个提示音是兼容型提示音，后一个提示音是竞争型提示音。两个提示音的侧重点不同。兼容型提示音允许你保有对一个想法的坚持，并不要求否定你的想法，而是只要求扩充你的想法中的可能性，哪怕只有 1% 的可能都可以。

当你打电话发现没人接的时候，就获得了一个暂停的机会，于是开始播放提示音：他因为出事不接我电话的概率是多少，是 100% 吗？

这个问题让你的大脑在进入"全或无"的加工模式之前刹车制动，缓缓拐弯进入"赋值加工"模式，那些被你坚决否定的可能性——出现在你的脑海里：

可能是他没有看到；可能是他现在不方便接电话；可能是他的手机没电了……

当这些可能性进入你的大脑中时，虽然你还是很坚定地相信他出事了，但是其他可能性也不是一点没有。这时候赋值就会发生变化。对方因为出事才没有接电话的概率在你的想法中至少由 100% 降为 90%。

很好，只要你开始评估自己想法的发生概率，就证明你顺利地进入了"赋值加工"模式，大脑已经进入预定轨道，接下来的事情你都会应对自如。

这里还要提醒大家一下，我们不需要纠结于分数是否准确，只要开启"赋值加工"模式，这一步就成功了。这个问题就像一个开关，一旦开启，大脑的加工机制就开始变道，只要变道成功，结果就必然是不同的。

② 第二个提示音：我的经验中有哪些现实性证据可以帮助我为这个想法赋值？

上一个问题让我们变道进入"赋值加工"模式，我们估计出一个数值，这个数值其实很难特别精准，因为作为被情绪裹挟的当事人，你能够完成变道就已经进步了，而精确赋值是一个更加精细和严谨的操作过程。这是第二个提示音需要完成的任务。

第二个提示音的内容是：我的经验中有哪些现实性证据可以帮助我为这个想法赋值？支持这个想法的证据和不支持这个想法的证据，你都要想一想。

在这个提示音的引导下，各种现实性的证据会接踵而来，那些之前你打电话对方没接的事情都会被一一记起。没能按照惯用的思维模式进行思考，你是不是感觉有点难受？在新的思维模式下，你不仅要运用提示音，还要为想法赋值。如果能不改变习惯，按照以前的习惯一气呵成地化身"电话轰炸机"，那该有多爽呀。别急，宝贝，虽然你现在还没有跑顺这条路，但是本书教给你的所有技术，只要练习足够长的时间，都会成为你既定的思维习惯，等到那个时候，你的思维会自然而然地沿着通道流动起来。多么美好的前景！

此刻我们就先不断地熟悉这条新的思维路径。当往日的记忆被唤起后，你需要为这些记忆分类，看看哪些记忆能支持你的想法，哪些记忆不支持你的想法。

	不支持想法的证据	支持想法的证据
1	他正在开会	电视剧里经常有相关桥段
2	他忙工作，一直没看手机	
3	他看见了，但不方便接听，方便的时候又忘了	
4	他不喜欢这种轰炸行为，特意不接	
5	……	
6	……	

看了这个表格后，你是不是在想，怎么不支持想法的证据这么多，支持想法的证据这么少呀？别怀疑，这就是你之前那么笃定的证据，不列出来你怎么会知道之前 100% 确定的想法是被什么样的证据支持着呢？

接下来，在现实性证据和"赋值加工"思维的帮助下，你会发现对方因处于危险之中而无法接电话的发生概率几乎为零。但是这个时候，你的内心还是难以放弃自己最初的想法，你觉得这个想法并非空穴来风，是有可能发生的。是的！仔细回忆你的这个想法，它多半是从影视作品、文学作品和他人的经历中获得的，如果用理智去评估，你自己也会觉得有些夸张。但是你为什么如此坚信这个想法成真的概率很高呢？就像前面的情绪自洽系统展示的那样，你把自己的感受作为证据使用了，在自洽系统的循环论证下，这个想法被不断地夸大，直至概率变为 100%。

当你打电话却无人接听的时候，你的大脑会蹦出一个具有戏剧性的想法：他不会是出事了吧？然后这个想法就会点燃你的恐惧，当你感受到自己的恐惧后，就会下意识地认为对方一定是出事了，不然何来的恐惧呢？看到了吗？这个思维的环路一旦形成就变得坚不可摧，所以即使之前的生活经验表明，"对方出事了"这个想法成真的概率几乎为零，但你依然忍不住将其赋值为100%。没关系，现在你已经知道了，让你坚持认为这个想法为真的，其实是你的感受，而不是现实证据。那你还会为这个想法的真实性赋予多大的百分比呢？5%、10%还是20%？哈哈，不能再高了，再高的话你的脸皮也太厚了，在目前这些百分比里面，已经有很多是你厚着脸皮加上的，好吧，就定为20%。此时请你根据这个百分比下评估一下自己的情绪，从1到10评分的话，你的恐惧情绪是几分？

——3分，最多3分，在这种强度的恐惧情绪下，你会做什么？

要是我的话，我会给他留言：

"亲爱的，给你打电话没人接，我有点担心，你看到我的信息后记得给我报个平安。"

不错，完美！既表达了自己的需求，又表达了对对方的关心，还能第一时间被回应，实在是完美。

总结一下这章的重点。没错，我又要通过翻来覆去地强调，帮你们把重要的事情标记出来。

当你开始进行"赋值加工"的时候，就可以摆脱"全或无"思维路径的影响，你可以根据现实情况，而不是情绪自洽系统为自己的想法设

定一个合适的发生概率。从此你的情绪不会再被夸大，不会再被激化到无法控制的地步，这也使得你成功地把情绪中那些虚假的、没有现实基础的情绪分流出来。

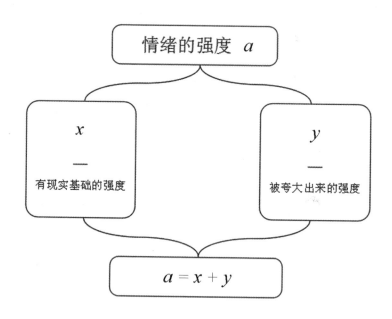

智者的提醒——剥离出情绪的真正强度，情绪管理就成功了一半

在日常生活中，我们体验到的情绪强度包括两部分：一部分是有现实基础的强度 x，另一部分是被夸大出来的强度 y。以前我们之所以在控制自己的情绪时感觉力不从心，主要是因为我们本应该体会到的是有现实基础的那部分强度 x，这个强度是我们能应付的。但非常不幸的是，我们会在 x 的基础上加上夸大出来的 y，这就导致我们需要去面对的情绪强度是 $x+y=a$。如果 x 是 3 分，y 是 4 分，3 分的情绪强度实际上对我们的生活和工作很难产生影响，但是 7 分的情绪强度对我们而言就是绝对的碾压。如果不想陷入这种可怕的情景，我们就要把"赋值加工"思维模式调动出来，分流夸大出来的情绪强度。

将理智逐渐地引入情绪的发生过程，这是里程碑似的变革！

如果你有机会仔细地回顾所有让你感到后悔的情绪事件，那么你会发现一个重要的规律——理智是决定情绪好坏的关键。每当你发过脾气感觉后悔的时候，你一定会在心里对自己说："冲动了，当时再想想就好了。"这个"再想想"其实就是指理智的参与。理智参与的程度与你的后悔程度是成反比的，理智参与得越多，让你后悔的情绪就越少。但是从先天的情绪发生机制上来说，理智较少有机会参与情绪的发生过程，负面情绪更是如此。

这和人类大脑的进化历程有关，外界信息进入我们大脑的时候通常有两条通路可以走。

一条是短通路：丘脑→杏仁核。杏仁核在我们的大脑中，扮演着"心理哨兵"的角色，负责处理与情绪有关的事务。有心理学书籍形象地把短通路称作"情绪脑"。从丘脑直接到杏仁核这条短通路，只能携带少量信息，最突出的特点是"快"。比如，当你走在街上，看到一条狗疯狂地向你跑过来。这时候，大脑就会启动最短的信息传递通道，杏仁核立刻做出反应——你就会产生强烈的恐惧情绪，这种情绪会激发你迎战或逃跑的行为。整个过程发生得非常快，这就使得你避免受到伤害、生

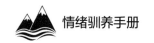

存下来的概率大大地提高。正是因为情绪脑所处理的所有情绪都和人类的生存息息相关，所以它在人类出现之初就已经存在了，很多书籍又把情绪脑称为"原始脑"。

在亿万年的进化中，原始脑帮人们逃避野兽、躲避危险，可以说厥功甚伟。但是随着人类的不断进化，生活环境的不断改善，在现代社会中，生死攸关的事情越来越少，频繁地启动情绪脑，就类似于我们平时不断地接到假的警报。不仅容易引起恐慌，还会浪费很多资源，显得特别不合时宜。

另一条是长通路：丘脑→扣带回→大脑各区域相应皮质→杏仁核。这条通路里面的信息明显要经过更多加工处理，最终才会到达杏仁核产生情绪，这就是我们常说的"理性脑"。长通路由于可以携带大量信息，对信息的加工也更为精细，所以理性脑产生的情绪会更合宜。比如，当你看到一条狗疯狂地向你跑过来，情绪脑会立刻产生恐惧的情绪，但理智脑会更多地收集现实层面的信息，做一个概率层面的评估。它会考虑这条狗的大小，如果发现它只是一只吉娃娃，即使它冲你跑来的过程是如此疯狂，你也不会产生特别恐惧的情绪，继而逃跑。也就是说，通过这条长通路，我们可以充分地思考、权衡利弊，最终给出一个理性的情绪，而这个情绪才是最合适的。

既然理智脑产生的情绪更合宜，对我们更有利，为什么我们通常只用情绪脑而不用理智脑呢？这是因为理智脑在人类大脑的进化历程中出现得比较晚，所以在信息加工的过程中并不是首选的通道。如果我们想要使用理智脑，那么就必须有意识地将外界的信息主动导引到理智脑的加工通道中，这种引导过程是一种后天习得的能力，既然不能先天拥有，那就唯有通过不断的练习获得。

这算是一个坏消息吗？言归正传，我们应该怎样进行这种培育优先通道的练习呢？——使用本书介绍的赋值技术。对，你猜得不错，我又来嘚瑟了。看到我这么嘚瑟，你是不是特别想打击我一下？请出招吧，提个有挑战性的问题打击我一下，不过我这里现在就有个现成的。

"你不是说将支点转移到想法上，不但可以缓解情绪感受，还可以改变情绪吗？你的书直到现在也没提到改变情绪的技术，你嘚瑟啥？"

这个打击很及时，哈哈！

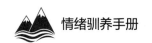

情绪甄别技术的必然结果是想法转化

前面我们学习的情绪甄别技术可以把夸大的情绪成分分离出来，你之前百分之百确信的想法在支持证据和否定证据的反复论证中逐渐减少。

随着确信度逐渐下降，你的想法会有什么改变呢？

——会有新的想法被你注意到！

还记得那些被你忽视的想法吗？

可能是他没有看到；可能是他现在不方便接电话；可能是他的手机没电了……

当你之前百分之百地确信"他是因为出事儿了才没有接电话"时，其他那些可能更符合现实的想法就会被你忽视；当你不再百分之百地确信这个想法，那么其他的想法就会自然而然地被你注意到。你会想到之前很多时候他没接听电话可能是因为他忙着工作没有看到，这时候你的情绪就不仅仅是程度上的降低，更是性质上的变化。你不再恐惧，甚至还会觉得自己有点小题大做，于是暗暗嘲笑一下自己，转而去忙自己的事情，等接到对方的回复后，你会心一笑，心想果然如此。下次再遇到这种事情的时候，你就会想起这次的经历，于是不再恐惧慌张，渐渐地你就有能力平静地处理类似的事情了。

怎么样，你喜欢这个变化吗？

如果喜欢，就多多练习吧！

评价一下我们的学习成果，是否已经完成以下学习内容，可在下面的 □ 里打 ☑ 或 ☒

1. 了解为什么想法是情绪甄别的支点　　　□
2. 掌握情绪甄别——真假游码赋值技术的实操步骤　　　□
3. 了解情绪甄别技术的必然结果是什么、为什么　　　□

太棒了，你已经完成了本章的学习任务！恭喜你获得了"情绪鉴别师"称号！继续加油吧！

治疗师：_____　　　　　　　　日期：_____

换位——移

位——情

Chapter 6

做一个情绪扭转师

各位朋友，一转眼你已经学习了前五章的内容，你有没有感到有些坚持不下去了，有没有在某些时候产生想要放弃的念头，有没有忍不住思考自己的付出是否值得，以及自己到底能不能达成目标。

在这里，我把卡瓦菲斯的《伊萨卡岛》送给你，希望这首诗能够成为你的"加油站"，让你有机会能够重新审视自己的学习过程。

当你起航前往伊萨卡，

但愿你的旅途漫长，

充满冒险，充满发现。

莱斯特律戈涅斯巨人，独眼巨人，

愤怒的波塞冬海神——不要怕他们：

你将不会在路上碰到诸如此类的怪物，

只要你保持高尚的思想，

只要有一种特殊的兴奋，

接触你的精神和肉体。

莱斯特律戈涅斯巨人，独眼巨人，

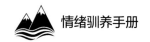

野蛮的波塞冬海神——你将不会跟他们遭遇，

除非你将他们带进你的灵魂，

除非你的灵魂将他们耸立在你面前。

但愿你的旅途漫长。

但愿那里有很多夏天的早晨，

当你无比快乐和欢欣地，

进入你第一次见到的海港；

但愿你在腓尼基人的贸易市场停步，

购买精美的物件，

珍珠母和珊瑚，琥珀和黑檀，

各式各样销魂的香水

——尽可能买多些销魂的香水；

愿你走访众多埃及城市，

向那些有识之士讨教再讨教。

让伊萨卡常在你心中，

抵达那里是你此行的目的。

但千万不要匆促赶路，

最好多延长几年，

那时当你上得了岛你也就老了，

一路所得已经教你富甲四方，

用不着伊萨卡来让你财源滚滚。

是伊萨卡赋予你如此神奇的旅行，

没有她你可不会起航前来。

现在她再也没有什么可以给你的了。

而如果你发现她原来是这么穷，那可不是伊萨卡想愚弄你。

既然你已经变得很有智慧，并且见多识广，

你也就不会不明白，这些伊萨卡意味着什么。

　　亲爱的宝贝，这首诗是不是可以抚慰你的焦躁。其实，真正的收获从来都不仅仅源于目标达成的那一刻，收获随时都在。从旅途的开始，你就可以拿着背篓，采集幸福，用这样的方式享受旅程，你会随时随地都有惊喜，每时每刻都能获得成功的体验。这样的旅程才会是一种享受。当你开始决定阅读这本书并进行情绪管理的时候，千万不要匆忙赶路，最好能够拿出"多延长几年"的勇气。当你达成目标的时候，你会发现

这一路所得已经让你"富甲四方"，你用不着仅仅靠着达成情绪管理的最终目标而感觉成功。

这个时候，你应该感谢自己拥有开启如此神奇的旅行的智慧和勇气，没有它们你可能不会开启这次探险之旅。

现在你应该拿出作业本，看看你已经完成了多少作业，学习了多少技能，成功地管理了多少次情绪。这种时时盘点"财富"的行为，能让你意识到自己的富有。所以，不要用最终的目标去评判你的收获，那样你会一直觉得自己是乞丐，适时提醒一下自己，注重过程中的收获是很有必要的。

情绪的穿越属性

智者的提醒——情绪的穿越属性

情绪是有时间维度上的穿越属性的，人类的思维其实一直都在自己的时间隧道中前后穿梭，在每个时间点上我们都有三个选择：过去、当下、未来。

早上醒来，慢慢地恢复意识以后，你的思维在哪里？

你是不是听到了窗外的鸟鸣（当下）；还想到了昨天晚上和某人的争吵（过去）；又意识到上午有一个重要会议（未来）。

这就是时间属性，情绪也是如此。

听到了窗外的鸟鸣——享受当下的愉悦情绪；想到了昨天晚上和某人的争吵——回想过去的愤怒情绪；上午有一个重要会议——提前设想未来的焦虑情绪。

我知道很多人都有过这样的幻想，以为自己可以穿越到过去或未来，

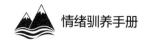

其他的我不知道，但是我们的情绪确实是可以穿越的。怎么样，神奇不神奇？其实我们的情绪每天都在时间的长河里面穿梭：

感受当下的情绪；回想过去的情绪；设想未来的情绪。

如果你愿意拿出时间做一个详细的记录，就一定会发现我们的情绪很少聚焦在当下，大部分时候它会聚焦在未来和过去。说得更确切一点，它会聚焦在与未来和过去有关的负面信息中。从这个特定的时间配比大家也能够看出来，大脑在与我们生存有关的事情上投入了大量的时间和精力。为了让这些事情很好地被记住，它会主动地激发你一遍一遍地回想。

智者的提醒——大脑像个操心的老母亲

我们的大脑不仅优先选择注意焦虑、悲伤、愤怒这些负面情绪，而且还会优先记住这些情绪，开心和幸福的经历反而不容易被记住和想起。因为从人类进化的角度讲，那些让我们感觉痛苦的事情，大脑会优先标记出来，作为非常重要的信息，放在非常显眼的位置，提醒你时时想起，这样大脑才能放心。大脑之所以这样做，是觉得这些事情对你的生存更重要，也就是说，大脑在活着和幸福之间做出了一个优先的选择——活着更重要。我们的大脑会用更多的能量去记住那些让我们痛苦的事情，并且还会时时地提醒我们。大脑真是为我们操碎了心呀！

其实大脑这样做本来是无可厚非的，但是问题在于大脑的很多决定都是沿着一条固定的路线行进的，不会根据实际情况做调整。比如，你小时候被狗咬过，你的大脑就会记住这个恐怖的事情，时刻准备提醒你有生命危险，全然不顾你已经长大成人。于是即使是五大三粗的你看到一只吉娃娃也会被吓得惨叫连连、几欲昏倒，这实在不是什么稀奇事。

　　哈哈，读到这里，你们的大脑里面有没有浮现一个特别熟悉的画面，画面中是一位不断告诉你什么该做、什么不该做的老母亲。是的，绝对是这样。她会一遍又一遍地提醒你已经过去了的事情，怕你忘记。为了让你印象深刻，她还会一遍一遍地让你回想当时痛苦的感受，因为她相信，唯有时时让你感觉到那种痛苦，你才会有一个认真的态度。除了不断地让你回想过去，提醒你小心未来会发生的可怕事情，大脑为了引起你的重视，还会用未来可能会发生的可怕事情一遍一遍地吓唬你，你想不重视都难。

　　哎呀，虽然大脑这样做的意图是好的，但是这种方法也太折磨人了，这样的疼爱方式即使坚强如你也忍不住想咆哮着喊停吧。

　　所以，你需要用一个技术来及时止损。

情绪止损技术

伤害自己的元凶大部分时候是自己

是谁在主动伤害我们？大部分时候是我们自己！

我们是通过什么方式主动伤害自己的？通过不断回想过去的不良情绪，设想未来的不良情绪。

1. 活在过去的阴影里是明知已经赔本还继续投资的行为

如果你被一个坏人伤害了，在你知道真相的那个晚上，你被巨大的悲伤折磨着，这种巨大的悲伤让你的大脑意识到问题的严重性。为了让你不再经历这样的伤痛，它采取的方法就是不断地提醒你。于是你进入了不断回想的阶段，在回想的过程中，包含两种成分，一种是认知成分，也就是我们平时说的经验教训；还有一种是感受成分。真正让我们痛不欲生的是认知成分吗？不是！让我们痛不欲生的其实是感受成分。如果大脑不断地提醒你不要再被坏人伤害，这并不会消耗太多精力，对我们的生活也不会造成太多伤害，反而会带来好处。如果我们的认知成分没有问题，它就会帮助我们避开特定的伤害。但是这个回忆的过程中还有一种成分，即感受成分，情绪中的感受成分不断地被回想，就等于我们在一遍一遍地重新体验当时的经历，这是一个主动重复伤害自己的过程。也就是说，第一次的伤害是坏人带来的，但是此后的所有伤害是我们自己主动施加给自己的。看到这里，你是不是有一种毛骨悚然的感觉？迫不及待地想要停止这种伤害了吧！

2．活在未来的幻想里是枉顾现在的美好生活，非要提前伤害自己的行为

如果你有一个重要的考试要参加，"老母亲"特别害怕你不重视考试，猜猜她会干什么？她会让你提前经历考试没有通过的痛苦，会像个邪恶的巫婆把考试没有通过的可怕结果一股脑地塞到你的大脑里。你的好工作，你的好前程，以及你的亲密关系，瞬间，你感觉众多美好离你而去。于是你喉咙发紧、胸膛收缩，巨大的悲伤伴随着眼泪一起到来。于是在"老母亲"善良的预演里，你一遍一遍地设想着可能会出现的坏结果。

终于等到考完试，成绩单出来了，很幸运，你顺利通过了考试，这个时候，你想对前几天还哭哭啼啼的自己说些什么呢？

哭得好，幸亏你哭的次数够多，不然我哪有机会体会那么多次的悲伤呀，平静的生活可不是我的目标，我想要悲惨的生活，就让我在不断的想象中设想未来的痛苦吧！

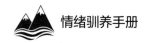

你是不是傻？

你可能会说，这里有逻辑上的漏洞。

你说的是最终结果为通过，那要是没通过呢？

没通过怎么了，成绩出来再哭还来不及吗？紧赶慢赶地多哭几次到底有什么用？你是孟姜女吗？有长城需要你努力哭倒吗？

那么，我们该如何终止这种自我伤害呢？

使用情绪止损技术是不二选择。

情绪止损技术的实操步骤

1. 我的情绪在哪里？

当你开始意识到情绪产生的时候，你应该先问自己："我的情绪在哪里？"越来越快地找到自己情绪的位置，为情绪溯源，看看情绪在时间轴的哪一段是非常重要的：

它是在过去，在当下，还是在未来？

当你确定以后，就可以为自己的情绪贴一个时间标签。

记得有一天，我不知道是因为喝了太多的咖啡，还是其他原因，一晚上辗转反侧，直到凌晨三点左右才睡着。第二天，毫无悬念，我早上起晚了。睁开眼睛的那一刻，我被焦虑和恐惧包围，因为想到今天有实验室的例会，我要在众目睽睽之下走进办公室，坐在领导的旁边。是的！领导旁边的位置永远都留给最后一个进来的人，它就像一把惩罚椅，总是让坐在上面的人如坐针毡。

各位宝贝，大家注意到了吗？想想我在什么情绪里？

——答案是焦虑和恐惧。

这种情绪的时间标签是什么？

——未来，我对还没有发生的事情感到焦虑。

所以，我在设想未来的情绪。那么，未来就是我们给情绪贴的时间标签。

2. 我的人在哪里？

这个问题问得有点惊悚，前面我已经说过了，情绪是可以在时间维度中穿行的，第一个问题已经让我知道我的情绪在未来。那么我的身体呢？我这个人——我的身体在哪里？在当下，在赶往地铁站的路上。

我惊慌失措地爬起来，省略了不必要的准备工作，匆忙出门，一路狂奔。大家注意了，一直到这里我也没有意识到我在设想未来的焦虑情绪。我心烦意乱地计算着自己跑到地铁站的时间，不断地盘算着自己是否能赶上平时的地铁。一直到我转过一个弯，突然看到了一树的苹果花，那一刻我突然回到了当下，我被这一树粉红色的苹果花震惊了。

于是我问自己："我这一路奔跑是否就只看到了这一树的美景？""我

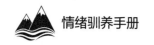

是否错过了很多美好？""是什么让我错过了当下的美好？"

答案显而易见，是焦虑把我带到了未来，让我错失了当下的美好。

大家看出来了吧，这个问题就是提醒大家情绪和身体分离的现实，当我们认清这个现实时，情绪和身体合二为一的机会就来了。就像我的这段经历，我的人在当下，当下有美景，没有危险，与当下的美景相对应的是愉悦，而不是焦虑。

3. 我的情绪在说什么？

还记得第二章提到的吗？每种情绪都有特定的信息功能：

（1）焦虑——你不立刻采取行动，你就会在未来陷入危险。

（2）悲伤——你失去了非常重要的东西，就很难再拥有。

（3）愤怒——有人正在损害你的利益，阻碍目标的达成。

当我的情绪停止未来旅行、回到当下时，我开始顺利接收情绪信息。

我问自己："大脑通过情绪想要告诉我什么？"

具体到这件事情，大脑通过焦虑想要告诉我："我有迟到的危险，为了不迟到，我需要加快速度。"

当我开始接收这些信息的时候，我明显地感觉到焦虑缓解了，但是只有这些还远远不够。

4. 大脑想让我做些什么？

这个问题可以促使我们通过行为对情绪信息的呼应，来消除情绪的不良影响。只要你明白了情绪要表达的意思，并且能通过行为满足情绪的要求，这种不良情绪就会消失。还记得那个唠唠叨叨的"老母亲"的比喻吗？我们每个人都有和这样的"老母亲"交流的经验，大家都知道让这样的"老母亲"停止唠叨的秘诀吧——满足她们的需求。对，就是这样的。

我问自己："大脑想让我做些什么？"

答案是："大脑想让我用最快的速度赶到实验室，争取不用坐在惩罚椅上。"

好的！情绪的目标需求找到了，它正尽职尽责地防止坐在惩罚椅上的危险发生。

明白了就行动。

用最快的速度奔跑是我需要做的。

原来，大脑想让我迅速奔跑起来。

5. 没有相关情绪的参与，我能不能有相应的行为？

放在这个情境中就是："没有焦虑的参与，我能不能保持现在的步速？"

答案是："能！"

完美！

在剩下的行进途中，我一边测量着自己的步频，一边欣赏着早春的美景，这样我既能保持应有的速度，又没有因为设想未来的焦虑而消耗能量，破坏我的美丽心情。最终我如期到达会议室，成功抢占了"有利地形"。

这是多么美妙的结局！

智者的提醒——情绪止损技术的关键要素

关于情绪止损技术，你需要：

一个类比。大脑像个唠唠叨叨的"老母亲"，它在提醒你注意一个特别重要的信息，你没接收到信息，它就不会停下来。

一个重点。情绪，尤其是情绪中的感受成分是伤害你的元凶。

一个选择。你要选择主动停止回想过去的不良情绪和设想未来的不良情绪，不要让自己处在无意义的伤害中。

一个证据。你需要一个适应性的行为，向大脑证明你收到了它的提醒。

好了，各位宝贝，相信大家对于情绪止损技术已经有了一定的了解，这是针对情绪的时间特质使用的一种止损技术。这个技术可以帮助我们甄选在过去和未来某些事情影响下催生的在当下伤害我们的情绪，能帮助我们消除约70%的不良情绪。

情绪理财技术

本章的前半部分主要讨论了情绪的穿越功能对生活的影响，大家有没有想过，情绪的穿越功能是通过回想过去的不良情绪和设想未来的不良情绪破坏我们的生活的，那么能否通过回想过去的良好情绪和设想未来的良好情绪滋养生活呢？

好想法！我支持你！

你需要一个态度——主动干预情绪是必不可少的情绪管理态度

鉴于大脑的"老母亲"工作属性，它更关注我们的生存，并没有想过提高我们的生存质量，所以我们必须为美好生活操心。

主动干预情绪，时时回味幸福、畅想快乐是一种重要的生活态度。

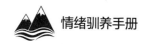

情绪理财技术

这个技术的名称一看就与情绪止损技术有关，但是两者的使用方式却是不同的，情绪止损技术是主动终止情绪的穿越，情绪理财技术却是利用情绪穿越功能主动发起情绪穿越。

一方面，重温过去快乐的时光；另一方面，也可以畅想未来快乐的时光。

1. 温馨时光相册技术，帮助你重温过去快乐的时光

这个技术其实并没有什么技巧，"主动的意愿"是这个技术中的关键。要主动地制作温馨时光相册，主动地翻看温馨时光相册。前面的章节已经给大家科普过了，大脑是没有先天的意愿去主动回忆过去的快乐体验的，也就是说，大部分的快乐体验于我们而言都是一次性的，几乎没有给我们的生活作出应有的贡献，这个损失真是难以估量。为了不让这种悲惨的事情发生，大家需要主动为自己做一个温馨时光相册。这个技术其实不用我教大家，因为大家就算做得少，回忆过去的美好时光还是都会做的，只是这里需要提醒大家的是，有两个诀窍一定要记牢。

第一，鲜活的照片是这个技术的关键。在做这个相册的时候，你一定要仔细地描述所有的细节，这个相册里面的每一张照片都要详细展现，这样才能把快乐的体验很好地封存起来，不会轻易地让快乐的体验随时间流走。也就是说，相册做得越详细，才能越鲜活，鲜活的程度与封存起来的快乐含量成正比。说到这里我想起一个特别有用的例子，大家可以参考一下恋爱中的情侣，为什么他们会比其他人更快乐？因为他们会

翻来覆去地细细品味恋爱过程中的快乐时光，虽然在外人看来就是时不时地傻乐。目前，我们还不知道为什么恋爱中的情侣会主动地使用温馨时光相册技术，但是成效是有目共睹的。

第二，不断地复习是这个技术的关键。不断地复习可以增加每天开心的次数，这个结果会直接提升你的快乐指数，长久的快乐可以从根本上改变你的心境，心境的改变会影响你看待世界的角度和情绪。说得更通俗一点，心中有快乐的人，会更倾向于看到快乐的事情。这是一个良性循环，如此往复你会彻底地改变自己的人格底色，成为一个乐观的人。完成这个过程需要时间，但是你肯定能够察觉到自身的变化，在不断获益的滋养下，你会越来越乐观。爱笑的人运气总是不会很差，就是这个道理。

2. 成为"光明预言家"，帮助你设想未来的快乐时光

学习了情绪止损技术，我们已经知道了，设想未来的情绪并不会百分之百地打扰大家当下的生活，真正打扰当下生活的是设想了未来的不良情绪。我们是怎样把未来的情绪带到当下的呢？是因为"预言家"的存在。

智者的提醒——预言家有黑暗的和光明的两种

老生常谈，预言家是为了帮助我们规避未来的危险而诞生的，像个操心的"老母亲"。其不但要记住过去的教训，还要提前准备躲避未来的危险，所以预言家基本都是黑暗的，多半都是在预感到未来有危险时才会出现。这就使得我们不得不一遍遍地提前体验还不知道会不会到来

的不良情绪，这个操作实在害人不浅。因为这种预言的准确率并不高，平白将体验不良情绪的频率在无形之中增加了数倍。要想从这种不良情绪的漩涡里走出来，你就需要成为一名"光明预言家"。

你需要一个态度——任何决定都有损失

你需要在"黑暗预言家"和"光明预言家"之间做选择，这个选择肯定不容易。"黑暗预言家"是我们的本能选择，使用的频率是非常高的，它的功能也不容忽视，毕竟它预言的是未来。虽然我们会觉得它总是夸大其词、报假警，但是架不住我们抱着"不怕一万，就怕万一"的心态。摆脱"黑暗预言家"能让我们的生活质量大幅提高，但也有可能让我们错过未雨绸缪的机会，这是多么两难的局面呀。所以我们需要先接受一个现实，任何决定都有损失，想要什么好处都占全是不可能的。只要你接受了这个现实，杜绝了什么便宜都想占的心思，你就可以开始使用这项技术了。每当你要预言未来的时候，你都要根据这个技术决定你要行使"黑暗预言家"的魔法还是"光明预言家"的魔法。

在"黑暗预言家"和"光明预言家"之间做选择，你需要一组数据进行比对。

选择成为"黑暗预言家"的成本是多少？如果成本太高，就应该果断放弃，选择成为"光明预言家"。记得有一年，我和一个朋友坐飞机，途中遇到了气流，可能因为飞机比较小，所以其受到的影响特别大。飞机像个醉汉一样上下翻飞、左摇右晃，机上的乘客呼喊、哭泣，朋友也吓得花容失色，不断问我："怎么办？怎么办？……"扭头看我一脸淡定的样子，他便脱口问道："你怎么不害怕呀？"

我为什么不害怕呢？

因为成本太高呀。

当飞机发生颠簸时，"黑暗预言家"出场，预言飞机要出事，我的生命安全将受到威胁。此时，恐惧情绪出现，还会激发规避危险的行为，这个行为的成本过高，我又不是超人，不可能使用超能力稳定飞机。

这个时候我就会选择让"光明预言家"出场，"光明预言家"会对我说——这只是比较大的颠簸，不会有危险。于是，恐惧情绪退场了。

智者的提醒——"光明预言家"与自欺欺人的阿Q精神胜利法的区别

"光明预言家"与自欺欺人的阿Q精神胜利法有什么区别？在看了我这个坐飞机的例子后，肯定会有人说，这个阿Q精神胜利法，不是自欺欺人吗？更有甚者，是不是还要微微一笑，颇有些看不起的心思。哈哈，凡是这么想的人都是神人呀，什么样的神人？自以为是的神人！

"光明预言家"与自欺欺人的阿Q精神胜利法最大的区别就是时间维度的差别。

"光明预言家"作用的时间维度是未来，阿Q精神胜利法作用的时间维度是过去。阿Q精神胜利法指向的是已经发生的事情，对已经发生的事情还心存幻想，就只能是自欺欺人了。"光明预言家"指向的是还没有发生的事情，因为事情还没有发生，最终的结果其实没有人能

预测，这个时候就要选择对自己最有利的预测，就像我列举的坐飞机事件。当飞机落地后，我神采奕奕地在一群面色惨白、腿脚发软的乘客中走下飞机。真是一场有趣而惊险的旅程。

总结重点：评估"黑暗预言家"的成本，主要看需要付出的努力对当下生活的影响程度，如果影响太大的话，就不需要因不可预测的未来扰乱当下的生活。

评价一下我们的学习成果，是否已经完成以下学习内容，可在下面的 □ 里打 ☑ 或 ☒

1. 了解情绪的穿越属性 □
2. 掌握情绪止损技术的实操步骤及关键要素 □
3. 掌握情绪理财技术的特点及使用方法 □

太棒了，你已经完成了本章的学习任务！恭喜你获得了"情绪扭转师"称号！继续加油吧！

治疗师：_____ 日期：_____

优选替代

Chapter 7

👍

做一个情绪训练师

　　各位同学，这周过得怎么样？一转眼你已经坚持做作业七周多了，有没有给自己点赞呀。

　　你不会又想轻描淡写地对自己说：

　　"这不是个事，一般人都可以做到。"

　　"虽然有些情绪我能处理得很好了，但是离我自己想要达到的目标还远着呢！"

　　好吧！我就是佩服各位这种自我否定、自我打击的能力。我曾经问过很多采用这种"自虐式"自我管理模式的人，为什么会如此频繁地使用这种方式对待自己，他们给我的答案倒是特别统一。他们都表示：如果不用最终的目标激励自己，就会忘记自己的追求；如果不用最终的目标鞭策自己，就会失去前进的动力。原来在内心深处你们把自己当成小毛驴了呀！

　　拜托！就算你真的认为自己是小毛驴，那也不是只有鞭打这一种方法才能让你前行。别忘了，在鼻子前面挂一个胡萝卜也能让小毛驴马力全开、勇往直前。被胡萝卜驱动的小毛驴和被大棒驱动的小毛驴虽然都在奔跑，但是它们的心情完全不同。既然你已经决定管理自己的情绪了，那么你注定会奔跑在路上，这个是不需要再考虑的问题了，剩下的就是你要思考用什么样的心情奔跑。

　　如果想让自己痛苦地奔跑，你肯定很擅长这么做。虽然我不赞成用

这种方式，但是如果你一再坚持，我也可以告诉你，将你的学习之旅变成噩梦总共分三步。

第一步，画一张理想自我的自画像。请明确你最终的目标，多花点时间仔细地描绘一下当管理好自己的情绪时，你会变成什么样子，你的外貌、气质、为人处世的状态会是什么样子。然后像拍照一样为自己画一张心理画像，照片的背景尽量清晰。

如果我管理好了自己的愤怒，我会是什么样子的呢？我猜嘴角会是上扬的，不像现在嘴角总是不自觉地向下耷拉着，像个凶狠的老太婆。我的嘴角会是上扬的，带着浅浅的笑意，那笑意自唇边荡开，一路抚平我脸上因为愤怒而逐渐生成的肌肉纹理，特别是我的眉间那深深的川字纹。一双满含笑意的眼眸是那样地亲和，我坐在客厅的椅子上，静静地注视着正在玩耍的孩子。他会时不时地看向我，我的笑容让他安心，他知道自己做得很好，他的妈妈爱他且对他满意。这让他心情放松，肢体更加灵活，游戏的乐趣更让他兴奋不已，他觉得自己很快乐，岁月静好大概如此。

第二步，画一张现实自我的自画像。描绘你现在的样子、气质、为人处世等各个方面，并为自己生成一张心理画像。

现在的我是什么样子的？我正顶着一头乱发生气地坐在客厅的沙发上，周围是被"战争"洗劫过的场面。我耷拉着嘴角，恶狠狠地咬着自己的牙齿，脸上的肌肉狰狞着，愤怒让我的眉头紧锁，圆圆的眼睛早就失去了原来的柔和，变成了恶狠狠的三角眼。我盯着在地板上玩耍的孩子，他时不时地回头看我，眼里都是怯懦，身体也紧绷着，越发地笨拙。

他连个玩具都玩不好，真是没用。我的愤怒不禁又加重了几分，这日子真的没法过了。

第三步，把两张心理画像放在一起。好了！大功告成！你可以根据两张心理画像的差距尽情地批评自己、否定自己了。我保证，只要你每天坚持做这件事情，你的学习过程一定会变成一场噩梦，你一定会如愿以偿地被痛苦鞭策着，能不能前行我不知道，但肯定会让你痛苦。

如果你希望这次的学习过程是一段美好的旅程，那么完成这个过程也需要三步。在你开始追求某种目标的时候，你是不是经常用最终的目标来评价现在的自己？如果是的话，我同情你，使用这种评价方式的直接结果就是，在达成最终的目标之前，你一路走来都会不断地否定自己，不断地体验挫败。所以你如果确实想让这次学习过程变成一个美妙的学习之旅，那么你需要将最终的目标变成一种向往，而不是用它来批评现在的自己。具体的步骤依然是三步，前两个步骤与前文提到的是一样的，唯一不同的是最后一步。

第一步，画一张理想自我的自画像。请明确你最终的目标，多花点时间仔细地描绘一下当管理好自己的情绪时，你会变成什么样子，你的外貌、气质、为人处世的状态会是什么样子。然后像拍照一样为自己画一张心理画像，照片的背景尽量清晰。

第二步，画一张现实自我的自画像。描绘你现在的样子、气质、为人处世等各个方面，并为自己生成一张心理画像。

第三步，把两张心理画像放在一起，开始评估理想自我的美好特质向现实自我"流淌"的速度和比重。看着现实自我渐入佳境的过程，该

是多么享受呀。

虽然我现在和理想状态相比差距很大，无论是外表、做事的风格、外在的环境，还是心态等都没法比，但是不要紧，我先把能做的做了。今天我很生气，没办法管理好自己的愤怒，也不想收拾屋子，但是我可以打扮一下自己。我可以把头发梳理整齐，在梳头发的过程中，我可以看着镜子里面的自己，试着放松下来。我不开心，无法上扬自己的嘴角，但是我能让它回到原本的位置上。往脸上涂抹润肤露的时候，我顺便拍拍自己的脸颊，得到些许舒缓。是的！这张面孔还是无法做到甜美可人，但我变得平静和放松了。看看现在的样子，我已经开始变得靓丽，以后还会更好。

就是这样的！理想的状态是用来向往的，现实的自己是用来评价的，当下的自己是用来骄傲的。如果你每天能够想象一下自己达成最终的目标的样子，最终的目标就会成为有吸引力的"胡萝卜"；如果你每天都能够用当下改变中的自己和上一刻的自己对比，你就能够为自己的改变点赞，这个赞美就能成为你为自己加的"野草"。想象一下，当你这样做的时候，你怎么可能还是那头苦苦挣扎的毛驴，你肯定是一匹开开心心、干劲十足地奔向远方的骏马。

先为自己完成了本周的作业点赞，接着为自己超额完成作业点赞，再为自己坚持了七周点赞，就这样！让我们带着愉悦的心情开始后续的学习。

算起来，我们已经和认知成分、感受成分打了很长时间的交道了。最初我们学会了怎么调节感受，然后我们找到了针对每种刺激的想法，通过鉴别想法的真伪，对情绪有了更多掌控权。我们发现了一些之前完全被忽略的事情，并且已经能够在情绪发生的时候进行理智的思考，这对我们帮助很大。我们的情绪明显比之前稳定，出现歇斯底里的情况也越来越少，甚至我们已经能够改变情绪的某些性质。但我们不只满足于把情绪淡化在可控的范围内，虽然这已经让我们受益了。我们的生活质量和工作效率大幅提高，我们不再被情绪扰乱，但是这并不是最终的目标。我们最终的目标是彻底改变人格特质，不再是个悲观的人，不再是个暴躁的人，而是一个拥有美好的人格品质的人。

收到！安排！

行为是撬动人格的支点

从今天开始，我们就进入人格的修炼阶段了，如果想要在这个阶段有所收获，我们需要先有一个知识储备。什么是人格？人格是源于个体身上的稳定行为方式和内部过程。从这个定义可以看出，人格的重要特质是稳定。任何行为、思维方式和想法都可以因为稳定而成为人格的一部分。什么是稳定？稳定主要表现在时间维度和情景维度上。时间维度的稳定是指情绪的体验和表达不随着时间的变化而变化。今天你是乐观的，明天你是乐观的，一晃几十年过去，你还是乐观的。情景维度是指情绪的体验和表达不随着场景的变化而变化。你在家里是要强的，你在工作中也是要强的，大家可以在很多场合感受到你要强的状态。落实到情绪上面，什么样的情绪能够成为人格的一部分呢？当你让某种情绪成为主情绪的时候，大部分时候你都体会着、表达着这种情绪。当某种情绪成为一种稳定的特质时，我们就把它叫作心境，而这种心境可以成为人格的一部分。

在前面的章节中，我们已经介绍过了，情绪其实是由三种成分构成的，分别是想法、感受和行为，这三种成分之间是相互影响的关系，一种成分的改变必然会引起另一种成分的改变。如果想要将某种情绪转化成心境，我们只要专注于一种情绪环路不断地重复，最终感受、想法和行为就会固定下来，成为一个和谐的环路，成为人格的一部分。

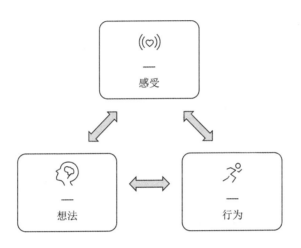

那么我们到底应该选择从三种成分中的哪一种开始呢？——行为，我们应该从行为开始！

情绪的三种成分各有各的特点。

感受是情绪中能量的成分，是对在心理和生理两个方面的张力的感受，这种感受不仅能让我们意识到情绪的存在，为情绪命名，还能够驱动相应的行为，在情绪的三成分之间流动起来，形成环路；想法是情绪中的认知成分，也是最稳定的成分。和情绪有关的想法十分复杂，它们交织在一起，颇有牵一发而动全身的意味；以上两种成分都位于个体的内部，外人很难感知到。

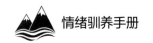

行为是情绪中的外显成分。我们是通过行为向外界展现情绪的，也是通过行为来影响外界的。想象一下，在一个美丽的清晨，你正在餐厅享受自己喜欢的美食，突然几个熊孩子跑出来，在旁边追逐打闹。你心里一阵不爽，但不管你心里有多么讨厌这几个熊孩子，有多愤怒，只要你不皱眉，不向他们翻白眼，不对他们怒目而视，不要求他们遵守公共道德，不直接向他们表达你的不满等，大家就很有可能感知不到你的愤怒。从外显成分看，你还是那个安静享受美食的人。怎么样，看出来了吧，行为是情绪成分里面唯一一个能伪装的成分。你完全可以表现出和感受、想法不一样的行为，只要你的感受没有进入无能区，你就有机会选择呈现出你喜欢的行为。当你表现出和感受、想法不一样的行为时，这个三成分的循环就出现了扭曲，这种扭曲会使整个情绪成分循环发生改变。这是我们彻底改变情绪的最佳选择，也解释了为什么我们要从行为开始改变。

智者的提醒——结果才是打脸想法的必备杀器

很多人都注意到了我前面提到的假装行为，行为是外显性的并且是可以假装的。对于假装这种状态，你可能会认为这种假装的过程太做作，太矫情。关于这一点，我是同意的，长期地让自己的行为和想法、感受不一致，并不是真正的改变。真正的改变不能仅仅停留在假装呈现出我们想要的替代行为上，这只是改变的第一步。更重要的步骤在于，通过替代行为的实施，我们能够有机会通过行为结果重新评估想法成分，从而达到改变想法的目标。整个改变过程如下：

目标行为被替代行为取代；

替代行为会在现实层面引发一个结果；

结果可以用来修正原有的想法；

想法的改变会带来感受的改变；

感受的改变会引发和维持更合适的替代行为。

自此，情绪的环路由扭曲到顺畅，开始自然流动。

先给大家举个例子。你失恋了，很悲伤，觉得再也不会有这么美好的关系了。这个想法让你感到绝望。你躺在床上什么都不想做，不想起床，不想梳头，不想洗脸，满面愁容，郁郁寡欢。看看镜子里自己的样子，你更加觉得自己的生活不会好起来了。好吧，一个抑郁性质的环路已经形成。这个环路特别可怕的地方在于，通过你自己的努力实现你的黑暗预言。就像这个环路里面发生的，感到抑郁是因为你的黑暗预言："我再也不会有这样美好的关系了"，而抑郁让你的行为发生概率降低，说得通俗一点，就是什么都不想做。于是你的外在形象越来越差，你的交际活动几乎为零，别说美好的关系了，连最起码的社交都没有了。

你不打扮自己，不再社交，催生了没有好的人际关系的结果。

只有采取行为才能产生结果，所以我们才会从行为开始。只要我们在相同的情绪下做出不同的替代行为，结果就会不同，不同的结果可以反过来作用于感受和想法，最终成为一个新的稳定环路。

想象一下失恋的这个例子。你失恋了，觉得再也不会有这么美好的关系了。这个想法让你绝望。你躺在床上什么都不想做。但是你没有跟着抑郁的建议走，纵使你的身体有千斤重，纵使你一点做事情的欲望也没有，你还是从床上爬起来，假装自己没有那么痛苦，你好好照顾自己，吃饭、做美容、买新衣服……你还时不时地收到周围人的赞美，虽然他们并不知道你是那么痛苦，也看不到你千疮百孔的内心，他们看到的只是你的外表，你的新发型，你的新衣服，你挂在嘴边微微的笑意。大家是根据这些给你反馈的，你获得的赞美滋养着你的自信，也让你重新看到了希望。你开始努力地参加各种社交活动，开展新的关系。于是你的想法发生改变，你对重新有一段美好的关系充满信心，你感觉越来越开心，新的环路连接完成。

大家从以上的例子可以看出，行为成分因为和结果有着必然的联系而变得万分重要。结果是影响行为发生概率的必要条件，虽然很多人都擅长自我欺骗，但是他们都知道真相是什么。自我欺骗确实会让我们的情绪暂时舒缓，但并不能长久，改变心境需要有现实性基础。我注意到自从很多专家开始强调在教育孩子的过程中，赞赏很重要，很多的家长就开始义无反顾地加入到表扬孩子的大军。每次我听到很多家长夸自己的孩子很棒、很好时，我都不禁抖落一身的鸡皮疙瘩。假！太假！孩子只是孩子，并不是傻子。如果你真的想夸奖自己的孩子，就必须在他做了什么以后，在你和他都能看到他的行为带来了好的结果后再去表扬。说得更清楚一点，你的夸奖要有现实感。现实感是需要行为带来的结果作支撑的。

在已经知道了行为是改变的重要成分后，我们是不是就可以开始了呢？答案是不能！

　　在开始之前，我们还需要对行为改变的难度作一个评估。很多人都觉得既然知道该怎么做了，那抓紧做就是了。如果你真的是这样开始的，那么我猜你一定对自己有一个不好的评价，你觉得自己是一个缺乏自律和恒心的人，证据就是你经常定小目标，但没有几个是能够坚持下来的。其实这个现象并不能真的说明你缺乏自律和恒心，一个很重要的原因可能是你在行动之前缺少了评估。

　　当你决定做某件事的时候，你需要先对这个行为的实施过程作一个困难性的评估。

智者的提醒——抑郁其实不简单

　　很多人看到抑郁情绪中的人生无可恋的样子都表示不能理解，经常会说，你就不能坚强一点，就不能起来吃个饭、洗把脸？这话说的，真的是毫无同理心呀！出现抑郁这种情绪时，身体的感觉会有千斤重，就像你的身体上面绑着沉重的沙袋，你会怎么样？你还会行动如常吗？工作一天下来的疲惫感都难以让你离开你的床，更别说比这沉重百倍的抑郁了，感同身受了吧，没有勇气说出什么要坚强的话了吧。这还只是一方面，另一方面是抑郁还会让你对外在的事物丧失兴趣。如果你的身体有千斤重，但是你还想吃东西，还能感觉到饿，那么说不定你还是会拖着你那千斤重的身体动起来。可是抑郁连这种可能都给你去除了，你还能动起来吗？不能！

偷天换日——替代行为技术可以让我们的
情绪焕然一新

1. 你需要一个替代行为清单

在这张替代行为清单中，你要把想做的所有行为都罗列出来。你要想一下，和你要管理的目标情绪有关的哪些行为是想要改变的。然后把这些和目标情绪有关的行为命名为目标行为。

还是失恋的例子。和抑郁这种目标情绪有关的哪些目标行为是我想要改变的呢？

这些目标行为如下：

①不想起床

②不想吃饭

③不想梳洗

④不想运动

⑤不想和人接触

接下来我们要把希望自己做出来的行为找出来，列入清单。

智者的提醒——用"替代行为"取代"停止行为"

在思考想要改变的行为时，不要用"不做"开头，比如，如果你的目标行为是在愤怒的时候对自己的孩子吼叫，那么你希望自己做出来的行为一定不能是在生气的时候不对自己的孩子吼叫。这个想法对我们的行为改变没有任何帮助。我知道，当我们对某些行为不满的时候，我们所能想到的就是"停止这个行为"。殊不知，"停止这个行为"的指令其实非常不明智。在管理情绪的众多经历中，大家肯定都这样想过，如果我不想做某种行为，那么我就停止。但是纵观我们的经历，好像成功的时候很少。就算我们成功地阻止了某些行为，但也难以回避我们心中的蓬勃能量。这些能量东逃西窜，大有不发泄出来实难平复之势，这就是为什么我们停止某种行为比较困难的关键原因。在前面的章节中，我们已经介绍过了，情绪中的行为成分是由感受中蕴含的能量驱动的，每一个行为的背后都有特定的能量支撑。在你考虑停止某种行为的时候，你首先需要考虑的是如果停止了目标行为，要用哪些行为替代这个目标行为，让行为成分背后蕴含着的能量得到释放。为了和要改变的目标行为区分，本书把这个代替旧行为的新行为叫作"替代行为"。

我知道，大家对于不想做的行为，列出清单来比较容易，但是对于

想做的行为，思考起来可能会有点困难。在这里，我给大家提供两个思路：思路一，从目标行为的坏处着想。比如，不想起床，这个行为带来的坏处是什么？

（1）有损于身体健康，严重的话还可能危及生命。因为抑郁这种情绪会把我们牢牢地压在床上，导致我们一动也不想动，连吃饭这样的基本生理需求都无法满足，再加上缺乏适度的锻炼，你会失去健康的体魄。

（2）限制了基本的能力。因为离不开床，多种基本的生活任务都难以完成。学生无法去上学，成年人无法去工作，这会使当事人的生活陷入低谷，对于自身的能力评估会降到最低点，更看不到希望。

明确了这两点坏处以后，接下来我们就可以考虑有没有什么行为，虽然还是会给我们带来损失，但是损失与目标行为相比要小。

简单思考过后，将替代行为罗列如下：

①躺在床上看书

②躺在床上看电影

③躺在床上吃饭

…………

大家看出来了吗？这些行为虽然并没有解决不想起床这个问题，但确实减少了躺在床上这个目标行为的坏处。虽然你还是躺在床上，但是很多的基本需求都得到了满足，甚至还有娱乐项目，这样你就有机会重新过上自己的生活。可能有人会说，那不是还有坏处吗？不要着急，后面我会告诉大家另一个真相，我们先把这部分知识讲完。

说完了思路一，我们再来看思路二——从目标行为毁掉的好处着手。我们为什么不喜欢某个行为，大多数情况下，就是因为这个行为毁掉了我们在意的东西。比如，与抑郁有关的目标行为毁掉了我们的乐趣。那么我们在想替代行为的时候，就要考虑做哪些行为可以帮我们重新找回快乐的感觉。

将可想到的替代行为罗列如下：

①在家里看电影

②和朋友视频聊天

③出门闲逛

④和好朋友约饭

⋯⋯⋯⋯⋯⋯

看到了吗？沿着这两个思路，我们可以得出一长串的替代行为。这很重要，替代行为越多，我们的选项就越多，这样我们做起来就会更容易。

2. 我们要为每一个替代行为评分

我们要按照替代行为执行过程中的难度从 1 到 10 进行等级评分。1 分为容易，随着难度逐级增加，10 分为最困难。

替代行为	评分
在床上吃饭	3
下床在客厅吃饭	4
起床简单梳洗	5
在小区附近闲逛	6
约朋友一起吃饭	7
……………	

3. 我们要决定从哪个行为开始

这里我建议从困难程度为 4 分的行为开始。

首先，不要选择特别困难的行为。过于困难的行为在实施的时候很容易失败，失败的经历会让我们体验到挫败感，进而对自己的能力和改变的可能性产生怀疑。在这种情况下，放弃简直就是必然的。不要总是想考验自己的能力。过多的放弃会让你对改变行为信心不足，最终导致放弃期待，得不偿失。

其次，不要选择特别容易的行为。我们也不会选择从困难程度为 1 分的行为开始，但并不是不允许大家的列表里出现 1 分难度的替代行为。只要是你想要呈现的行为你都要列出来，困难程度 1 分和 2 分的替代行为其实也是很重要的。因为只要是替代行为，其会比目标行为的结果要好，实施的困难程度也低，更容易促成改变。但为什么你之前没有做呢？主要还是意识问题。很多时候，这种难度的替代行为对你来说实施起来并不困难，为什么你没有想到将目标行为改成替代行为呢？真正阻碍你实施这些行为的障碍是意识，也就是心理学里面常常说到的觉知。

大多数时候，当我们想要改变时，心里面就只有一个目标，就是那个最完美的存在。然而，我们在心里面暗暗地想着那个最好的行为，却忽略了其实有很多可以供我们选择的行为。虽然相对于最完美的行为，这些替代行为有很多问题且可能带来不良结果，但是却可以对我们的改变起到促进作用。所以我们要把所有的替代行为都列出来，那些困难程度较低的替代行为尤其要详细列出。在我们还没有找出更好的替代行为时，这些替代行为可以暂时地为我们争取最大收益。

至于练习的难度为何从 4 分开始，是因为这个分值正合适，属于踮起脚就能够得着的目标。因为 4 分难度的替代行为做起来有一定难度，有一定的挑战性，所以更容易激发我们的斗志，也容易让我们在不断努力超越自己的过程中体会到进步的感觉。同时，这样的目标难度也不是很高，是经过努力就能达成的，这样在练习的过程中，你就不会因为受挫而失去改变的信心。

智者的提醒

替代行为需要不断地练习才能越做越熟练。随着这个替代行为的熟练程度逐渐增高，你会发现它的困难程度会降低。当这个替代行为的难度降到 3 分以下的时候，接下来我们就可以攻克困难程度更大的行为。但是在攻克更难的行为之前，我们还要做一件事情，那就是重新评估替代行为困难程度清单。为什么要重新评估？因为随着一个替代行为地不

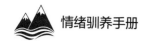

断练习，困难程度的逐渐降低，其他一些替代行为的困难程度也会相应降低。替代行为的实施过程其实是需要很多能力参与的，每个行为在实施的过程中需要的能力都很相似。当我们不断地重复某个行为时，其背后的能力也在不断重复中得到锻炼。当你开始在特定的情绪状态中熟练地使用一个替代行为后，这个替代行为的困难程度就会降低，同时其他替代行为的困难程度也会降低。所以，当我们成功完成一个替代行为后，不要急着进行下一个替代行为，先对剩下的替代行为重新作一个评估，给出当下的分值以后再选择下一个替代行为。

在行为的实施环节切忌越级挑战，这种冒进的行为会让你遭遇挫败，造成不可避免的后果。所以永远要记住自己在哪一个分数段作改变，关注自己正在巩固的替代行为就可以了。评价自己的时候也要这样，不要因为自己没有做出高分段的替代行为而批评自己，更没有必要沮丧，记住自己当下的目标行为，不要越级，而是要循序渐进。

搭云梯技术——铺就一条改变的通天之路

如果你选择的替代行为实施难度达到 7 分以上，那么你需要搭云梯技术。所谓的搭云梯技术就是用步步为营、循序渐进的思路，将一个难度 7 分以上的替代行为按照难易度拆分成多个难度逐级递减的行为，这个过程就叫作搭云梯技术。先举一个例子说明一下。

说一句"我爱你"有多难？

我和我的女性朋友在一起时，被问到最多的话题就是：为什么你爱人那么好，对你十分体贴，为什么我们家里的都跟木头似的，让干啥都一副拼死抵抗的模样。有时候她们也会请我分享一下"教育"丈夫的秘诀。我知道，很多结了婚的女人都曾经对自己的爱人满怀希望，最初在一起的时候就算对伴侣感到不满意，也都觉得时间长了就能改变，殊不知对方完全不配合。于是从争吵到怨恨再到绝望、麻木，除了抱怨自己当初瞎了眼，好像也没什么别的可做的了。我们也总是从很多的鸡汤文中看到，婚姻是需要经营的。这话一点都不假，但是怎么经营呢？各位朋友颇有抓瞎的感觉。今天我就和大家分享搭云梯技术在"驭夫"中的

应用。

我的爱人最初和我在一起的时候，是个非常腼腆，很排斥口头表达爱意的人。尤其是那句——"我爱你。"他宁可每天早起为我做早餐，买我爱吃的零食，洗衣服，检查车轮胎是否有气，他做了各种充满爱意的行为，但就是很难用语言表达"我爱你"。一直以来这件事情都是我心中非常大的遗憾。

其他恋人之间的经典对白是这样的：

女人：你爱我吗？

男人：我爱你！非常爱！

…………

可我们之间的经典对白却是这样的：

我：你爱我吗？

他立刻就会红着脸，憋很久说：嗯。

我："嗯"是什么意思？你就不能说"我爱你"吗？

他就涨红了脸站在那里不说话。

我：你站在那里是什么意思，说不出来你就滚！

他很难过地站在那里，就是不说话。

我：我再也不想见到你了！

....

这就是我们隔三差五的日常，我不知道他到底为什么会有这样一个缺陷。

而最终我用搭云梯技术治好了他的毛病，得到了自己想要的结果。

我把说出"我爱你"这个难度为 10 分的行为，根据不同难度做了一个有效的阶梯式分割。

① 背对着我，用鼻子哼三声。——3 分

② 背对着我，用很小的声音说"我爱你"。——5 分

③ 背对着我，用我能听清楚的声音说"我爱你"。——7 分

④ 面对着我，低头用我能听清楚的声音说"我爱你"。——8 分

⑤ 面对着我，看着我的眼睛说"我爱你"。——10 分

就这样，经过半年，我终于听到他当着我的面说"我爱你"。现在我们已经在一起生活很多年了，他不仅仅可以说"我爱你"，还可以花言巧语地说"你是这个世界上最美的女人""你穿什么都好看"等一些"甜蜜的谎言"。

看到这个梯度列表大家是不是就明白了，列表里面的每一个行为都是上一个行为的晋级版和下一个行为的基础版，这样的梯度列表就像一个搭建好的云梯，最终帮你达到自己本来无法企及的高度。说到这里，

大家有没有发现，本书的知识结构其实就是按照搭云梯的思路构建的。回顾一下本书的目录，你会发现本书的章节就是一个关于情绪管理技术的云梯。

情绪演练平台技术——给自己提供更多的彩排机会

从拿起这本书的那一刻起，大家或早或晚都会发现，我明着暗着不断地想让大家了解一个特别重要的事实——练习是改变的必经之路！既然这个认识这么重要，我为什么一直到本书的最后才明确提出来？这就是我的"狡猾"之处，我深刻地知道，当大家说"我想改变"的时候，大多数都是指顿悟式的改变。那种一朝顿悟、所向披靡式的改变，不需要练习，不需要消耗能量，也不需要离开舒适区而忍受痛苦。但是非常可惜，这只是个想象。认知和行为之间是有距离的，很多时候，认知的改变在前，行为的改变在后。那种认知和行为同步改变的奇迹简直百年不遇，不太可能出现在你我的生命中。我知道即使你已经花了很长时间阅读这本书，也克服了很多困难在练习本书教给你的技术，但你依然不免有一丝失望和不甘，你对改变的速度和艰难感到失望和不甘。这很正常，大家都会有这样的感受。唯一不同的是行为，有些人看着看着就沉迷于顿悟式改变的幻想，认为奇迹之所以没出现是因为没有阅读对的书、没有遇到对的人，于是在寻找的途中一路蹉跎。另外一些人即使失望和不甘，还是选择学习本书的技术并付诸实践，这就是一路走来的你。你

已经坚持看到本书的最后章节，相信就算我现在指出这个事实，你也可以接受了吧。就算此刻你觉得自己上当受骗，感到愤愤不平，然后摔书而去，也已经不要紧了。你已经将此书阅读到最后，为何不看完最后这一部分呢？

智者的提醒——练习是改变的必经之路，没有捷径！

我们需要练习的平台！练习是缩短认知和行为之间距离的不二法宝。在真实的情绪体验中一遍一遍地做出你想要的替代行为，最终当情绪和行为之间形成联结的时候，情绪管理就以胜利告终了。所以改变的速度其实是由练习的次数决定的，练习的次数越多，改变的速度就越快。仅仅依靠现实层面产生的情绪进行体验，是远远不够的。为了解决这个难题，我们需要创建一个情绪模拟平台，这个模拟平台是一个可以激发出相应目标情绪的平台。我们需要每天拿出足够的时间练习相关的替代行为。

所谓的情绪模拟平台就是指我们主动激发相同情绪体验的过程。这个相同情绪体验的核心要素就是感受，相同的情绪感受是最关键的。只要我们在情绪模拟平台的感受成分和目标情绪的感受成分一样就可以。至于想法，可以完全不一样，这并不会影响情绪模拟平台的效果。

还记得在之前的章节里，我告诉大家的相关知识吗？

情绪中的感受成分分为两种：一种是躯体感受，一种是心理感受。这两者对我们都有影响，但影响的程度是不一样的。前面我们说过，感受成分是情绪中蕴含能量的成分，这种能量来自感受成分中的不平衡、紧张状态，躯体的紧张状态和心理的紧张状态对不同人的影响是不一样的。有些人对躯体感受的反应比较大，比如当一个人焦虑的时候，躯体的感受可能是心跳加快、体温升高，有些人对这种躯体感受是难以忍受的，他们觉得这是身体出问题的信号，甚至会觉得这是危险要到来的先兆。为了让自己摆脱这种可怕的躯体感受，他们会迅速地做出旧有的目标行为，来缓解躯体的紧张状态。

就像一个人害怕当众讲话，而他的领导要求他在例会的时候讲话，他立刻就能感觉到自己心跳加快，觉得自己要昏倒了。所以他会迅速地像之前一样，通过"尿遁"使自己如擂鼓般的心跳减速，而不是给自己一个反应的时间，选择自己真正想要的替代行为——坚持作汇报，向领导和同事展示自己。当然相同的情况下，有人也可能因为忍受不了那种焦虑带来的烦躁感受而离开。

一般情况下，我们每个人都会受到这两种感受成分的影响，只不过总是有一个成分是主要原因。所以我们需要在特定的模拟平台下不断练习。一方面，多次处于这样的感受中，可以增加我们对感受层面的不平衡、紧张感的耐受力，给自己足够的时间做出更好的行为反应。另一方面，多次在这种感受下做出替代行为，会形成新的环路，从而让新的行为习惯取代旧的行为习惯，这样以后再出现这种情绪感受的时候，你就算没有足够的时间思考，也会迅速做出自己想要的替代行为。

鉴于情绪模拟平台中的感受分为两种，我们创建的平台也分为两种：一种是躯体感受模拟平台，一种是心理感受模拟平台。

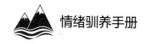

1. 躯体感受模拟平台如何激发

一般情况下，影响我们的躯体感受有以下几种：

（1）脸红、心跳加速、呼吸急促。这种躯体感受可以通过快速地高抬腿来激发。

以前面的"当众发言"为例，因为当事人难以忍受心跳加速这个感受，所以他可以通过高抬腿激发相似的心跳感受，然后开始当众讲话。

（2）头晕。这种躯体感受可以通过转圈激发出来。如果你特别担心头晕摔倒，可以选择坐在椅子上旋转，逐渐适应以后再站立着旋转。

以前面的"当众发言"为例，如果当事人难以忍受头晕目眩的感受，他可以原地转圈激发相似的头晕感受，然后开始当众讲话。

（3）身体僵硬、沉重。这种躯体感受可以通过背负适当重量的沙袋来激发。

还是以前面的"当众发言"为例，如果当事人难以忍受身体僵硬的感受，他可以通过背负足够重的沙袋激发相似的僵硬感受，然后开始当众讲话。

2. 心理感受模拟平台如何激发

情绪的心理感受成分虽然各有名称，但无论焦虑、抑郁还是愤怒，激发的方式都是一样的，这一点与躯体感受不同。我们以辅导孩子功课的愤怒老母亲为例，当这位老母亲看到孩子磨磨蹭蹭且不好好做作业时，她心里的愤怒无法抑制地燃烧。虽然这位母亲知道吼叫和打骂只会让孩子也出现愤怒情绪，也知道为了对抗母亲的攻击行为，孩子可能更不会好好做作业了，但是因为她无法忍受愤怒这种心理感受，只想着实施攻击，觉得只有不断攻击，自己的愤怒感受才会缓解。在这样的情况下，我们该怎么办呢？

（1）通过回忆的方式激发。

选择一件自己印象很深刻的引起愤怒情绪的事情，慢慢地在头脑中回忆当时的情景，不断地评估情绪感受的强烈程度。当情绪感受的分值达到5分时，就开始实施替代行为，温和而坚定地提醒孩子专心做作业。

（2）通过想象的方式激发。

想象一个能让自己有强烈情绪反应的场景，慢慢地把这个场景中的关键因素构建齐全，这里的关键因素主要指能快速有效地引起情绪反应的主要因素。其他的因素不用太清晰，关键因素构建出来就能够激发你所需要的情绪强度了，在细枝末节上纠结反而会让你偏离主题，导致情绪激发不顺利。

（3）通过文字激发。

寻找能够激发相应情绪的文字描述，通过阅读这些文字激发相应的情绪即可。

（4）通过音乐或者视频激发。

寻找能够激发相应情绪的音乐或视频，通过聆听或者观看激发相应的情绪即可。

3. 模拟平台建立的注意事项

（1）每个模拟平台在建立的时候都要以情绪的强烈程度作为衡量标准，从1到10进行评分的话，到达5分就可以练习替代行为了。如果想要增加练习的难度，那么不建议超过7分。

（2）每个模拟平台在建立的时候不用过于纠结激发的方法，关键看心理感受，只要能够出现想要的情绪感受就可以，其他的细节并不重要。

（3）每个模拟平台在建立的过程中，尽量选择和实际情况比较相似的刺激源，这样会更有利于将练习结果顺利迁移到真实的生活中。

亲爱的宝贝，关于情绪管理的方案我们就学习到这里了，通过本书的学习，你已经掌握了基本的情绪管理技能。在认知层面，你已经收获满满；在技能层面，你也初具模型。在接下来的日子里，只要你每天拿出足够的时间练习，最终一定会成为你想成为的样子。

评价一下我们的学习成果，是否已经完成以下学习内容，可在下面的 □ 里打 ☑ 或 ☒

1. 了解为什么行为是撬动人格的支点　□
2. 掌握替代行为技术的使用步骤　□
3. 掌握搭云梯技术的使用场景与步骤　□
4. 掌握情绪演练技术的分类及注意事项　□

太棒了，你已经完成本章的学习任务！恭喜你获得了"情绪训练师"称号！至此，你已经完成了全部的学习！未来，保持练习，你一定可以成为你想要的样子！

治疗师：_____　　　　日期：_____

后　记

寒来暑往，在不知不觉间，我终于完成本书的撰写。虽然该书经历了数次险些夭折的危机，但"丑娃娃"终于还是出来和大家见面了。完成本书最大的阻碍就是我时时发作的焦虑情绪，它产生于我对文字完美的追求。我在撰写本书的过程中，不断地和我的文字碰撞，这让我很焦虑。我对自己写出的每一个词语、每一个句子都不满意，我不断地在心里对自己说："你写的这是些啥呀？这样的垃圾也能拿出来见人！"我觉得自己写不出一本足以让我满意的作品，我的书会被大家耻笑，它像个蹒跚学步的孩子，毫无优雅和智慧可言。焦虑让我迟迟难于动笔，我甚至想放弃写作，这样就不会让大家看到我的笨拙。

是的！焦虑的情绪让我如此难受，我非常想放弃写这本书，只要我不写这本书，大家就没有机会看到我的拙劣，我就能继续维持我完美的形象，我还可以假装不屑于写这本书，这会让我看起来更加"高大上"。于是我在焦虑情绪的拉扯下，一次又一次地中断正在敲打的文字，我在网络中流连，在幻想的世界里欣喜。

本来我可以一直假装下去，只要这本书不写出来，人们就没有机会批评它，这就像皇帝的新装，谁也无法对不存在的事物指指点点。

——但是，我不能！

我想要写一本书，我想要把自己知道的有效方法告诉更多的人，我想要和更多志同道合的伙伴分享彼此的情绪管理经验，我想要看到自己战胜焦虑的成果——这本书。

这本书的写作过程就是一个疗愈的过程，它彻底地治好了我对文字的强迫症。我不断地告诉自己，有就比没有强。

我开始重新调整目标，我不再要求自己写出一本完美的书。

"杨帆，你需要的是一本书！仅仅就是一本书而已！"

基于这个目标，我为自己搭建了云梯。

第一步，打开电脑。对！就是打开电脑，哪怕啥也不干。

我每天早上一起床就把电脑打开。这个行为做起来还是很容易的，我虽然不想看到自己写的文字，但是并不排斥打开电脑。

第二步，输入文字，哪怕一个字也好。

一旦打开电脑，那么后面的事情就变得容易很多。在我偏离主题想要玩耍的时候，电脑会用闪烁的屏幕告诉我，它准备好了，我随时都可以输入文字。它的这个邀请还真是不容忽视，为了敷衍它，最终我总是会坐到它的面前施展"一指禅"，把头脑中的文字敲进电脑。

第三步，无论好坏，一路向前。

一旦我开始输入文字，就绝不会删除，这是我为自己设置的替代行为。我只是在堆砌文字，它们不需是完美的，全凭数量取胜，而我也绝不回头查阅。相对于之前不断地删除不满意的文字，我找到的这个替代行为真的非常管用。看着这本书慢慢成形，渐渐地我觉得它也不是那么丑了，果然，孩子还是自家的好。

第四步，开始润色加工。

这个润色的过程是那么让人欣喜，看着这个"丑娃娃"一点点地变美，写书的过程竟然变得美好起来，这个时候我不再焦虑，满满的都是喜悦。

我在写指导方案的时候，也在践行着书中的技巧，它陪伴我度过了很多艰难时刻。最终，我有了这份成果，对于这个结果我很满意。

你呢？是否也会在这本书的帮助下收获满满？我好期待！

杨帆

于徐州蜗居

2022 年 5 月 13 日

图书在版编目（CIP）数据

情绪驯养手册 / 杨帆，扈芷晴著.—北京：电子工业出版社，2023.1

ISBN 978-7-121-44646-7

Ⅰ.①情… Ⅱ.①杨… ②扈… Ⅲ.①情绪－自我控制－通俗读物 Ⅳ. ①B842.6-49

中国版本图书馆 CIP 数据核字（2022）第 236255 号

责任编辑：黄　菲　　　　　　文字编辑：刘　甜　王欣怡
印　　刷：天津千鹤文化传播有限公司
装　　订：天津千鹤文化传播有限公司
出版发行：电子工业出版社
　　　　　北京市海淀区万寿路 173 信箱　　邮编：100036
开　　本：720×1 000　1/16　印张：13.25　　字数：160 千字　彩插：2
版　　次：2023 年 1 月第 1 版
印　　次：2023 年 1 月第 1 次印刷
定　　价：68.00 元

凡所购买电子工业出版社图书有缺损问题，请向购买书店调换。若书店售缺，请与本社发行部联系，联系及邮购电话：（010）88254888，88258888。

质量投诉请发邮件至 zlts@phei.com.cn，盗版侵权举报请发邮件至 dbqq@phei.com.cn。

本书咨询联系方式：424710364（QQ）。